KB144144

Check-in GPS(Good People Service) 시리즈 ❷

한 권으로 끝내는

셀프 이미지메이킹과 브랜딩 전략

Self Image Making and Department Branding Strategy

우소연 · 한수정 공저

ⓑ (주)백산출판사

차 례

이미지메이킹의 이해

Chapter 1

이미지메이킹의 이해

1. 이미지란

이미지의 어원은 라틴어 'imitari : 흉내내다'라는 명사형 어미에 '-ago'를 붙인 'imago'(이마고)로 사전적 의미는 '형태' '모양' '느낌' '영상' '관념' 등을 뜻한다. 보다 구체적인 뜻으로는 상(象), 표상(表象), 심상(心象) 등을 말한다. 이미지는 사람뿐 아니라 사물, 장소와 사건뿐 아니라 모든 것이 그 대상이 될 수 있다. 어떠한 것을 대상으로 삼는가에 따라 기업의 이미지가 될 수 있고 상품의 이미지, 브랜드의 이미지, 더 나아가 국가와 국민의 이미지, 조직과 단체 등의 이미지 등도 될 수 있다.

쉽게 말해 이미지란, 타인의 눈에 비쳐진 모습으로 매우 주관적인 평가다.

일반적으로 이미지라고 하면 '특정 대상의 외적 형태에 대한 인위적인 모방이나 재현'을 뜻한다. 학술용어로는 image manipulation이라고 한다. 사전적으로는 '시각·청각·미각·후각·촉각의 다섯 가지 감각을 통해 경험한 어떤 대상에 대한 인간이 내재적으로 가지고 있는 인상의 총합'이라고 정의한다. 이미지란 '우리들 인간이 어떤 대상에 대해 갖는 머릿속

상상의 그림'이라고 미국의 유명 언론인 리프만(Lippmann)은 자신의 저서 *Public Opinion*에서 말했다.

2. 이미지메이킹의 중요성

이미지메이킹이란, 말 그대로 이미지를 만든다는 의미이지만 개선한다 라는 의미로 해석하는 것이 좋겠다. 현재의 '나' 자신이 이상적인 미래의 '나'가 되기 위해 즉 개인이 추구하는 목표를 이루기 위해 자기 이미지를 통합적으로 관리하는 행위라고 보면 되겠다. 이미지메이킹이 필요한 이유 중 하나는 사회적 대인관계와 밀접한 관련이 있기 때문이다. 보다 긍정적이고 원활한 대인관계에 직간접적인 영향을 주고 성공적인 비즈니스에도 영향을 준다. 제 아무리 업무실력이 뛰어나다 해도 사회가 요구하는 전략적 이미지 즉, 직위에 걸맞은 이미지를 연출하지 못하면 자신도 모르는 사이에 조직에서 밀려나게 될지도 모른다.

이미지메이킹은 연예인이나 정치인들을 비롯한 특정 직업군의 사람들만 하는 것이 아닌 시대에 우리는 살고 있다.

분류	퍼스널 이미지 역량	셀프 이미지메이킹
정치인	지도자로서 국민이 원하는 역할	· 활력 있는 자신감 · 안정감 있고 자연스러운 미소 · 신뢰와 설득력, 리더십
전문인	변화 시대에 맞는 성공적인 퍼스널 이미지	· 지적인 학력과 경력 겸비 · 타인과 차별화된 전문기술 · 자신감과 지적인 세련미
직장인	직업적 특성에 맞는 전문성의 최대 노력 지적이고 품위 있는 매너의 퍼스널 이미지	· 성실한 태도와 적극적 자세 · 지속적인 자기계발의 기회 · 조직에서 필요한 존재의식
기업인	기업의 이윤창출과 새로운 비전 제시 창조적인 변화를 리드하는 셀프 이미지	· 기업의 윤리와 경영 변화 · 신제품 개발의 마케팅 전략 · 고품격 서비스 및 직원 변화

이미지메이킹, 이미지 개선 중 가장 중요하면서도 단기간 내의 변화로 가시적 성과를 얻을 수 있는 것은 첫인상 개선, 표정관리, 외적(외모, 태도) 관리가 되겠다. 이때 더불어 중요한 것은 바로 열등감 해소, 건강한 자존감 만들기이다.

자기 이미지

자기 이미지		
내적 이미지	자아 개념	자아 존중감, 자아 정체감, 비전 설정 등
	인지적 요소	교육, 신념, 의지, 지식, 리더십 등
	정서적 요소	심성, 감정, 자신감, 욕구, 열등감, 책임감 등
	성격 및 성향	천성, 기질, 내향성, 외향성, 적극성 등
외적 이미지	신체적 요소	얼굴 이미지, 키, 체형, 피부색, 생김새 등
	표현적 요소	표정, 메이크업, 옷차림, 헤어, 컬러, 액세서리 등
	행동적 요소	걸음걸이, 제스처, 태도, 자세 등
	청각적 요소	목소리, 억양, 말의 속도, 말의 내용, 말투 등
사회적 이미지	사회적 환경	직업, 부서, 역할, 의미, 사회, 문화, 경제력 등
	커뮤니케이션	유머, 대화수준, 의사소통수준, 적응수준 등
	매너, 에티켓	직장예절, 공공질서, 에티켓, 배려, 매너 등
	대인관계 수준	인맥, 인간관계 능력, 신뢰감, 호감도, 친밀성 등

출처 : 송은영 2009, 「얼굴 이미지메이킹 프로그램이 자아 존중감, 긍정적 사고, 얼굴이미지 효능감에 미치는 효과 분석」, 명지대학교 대학원 박사학위논문

이미지메이킹의 효과

① 자아 존중감 향상

② 열등감 극복, 자신감 향상

③ 대인관계능력 향상

3. 나의 이미지 셀프 진단

*해당 문항에 체크를 하시오.

이미지 A		이미지 B	
	나는 나 자신을 사랑하고 당당하다.		나 자신의 외모에 만족해 하는 편이다.
	긍정적이고 적극적인 성격이다.		다른 사람들로부터 표정이 밝다는 말을 자주 듣는다.
	인생의 뚜렷한 희망과 목표가 있다.		사진 찍는 것을 좋아한다.
	상대가 자신을 어떻게 생각할지 늘 의식하는 편이다.		상대가 자신을 어떻게 생각할지 늘 의식하는 편이다.
	감정적이기보다 이성적이다.		당황하거나 실수했을 때 웃음으로 위기를 모면한다.
	화가 날 때 심호흡을 하며 흥분을 관리한다.		자신보다 매력적인 사람을 만나면 그 사람의 외모를 유심히 관찰한다.
	눈치가 빠르다.		주위 사람들의 시선을 은근히 즐긴다.
	무기력감과 우울증에서 빨리 벗어날 수 있다.		화장을 자연스럽게 잘하는 편이다(남성의 경우 면도 및 헤어 등 외적 관리를 잘하는 편이다).
	자신을 감추기보다 단점을 당당히 밝히는 편이다.		머리 염색은 튀는 컬러보다 자연갈색을 선호한다.
	자기계발을 다루는 서적을 즐겨 읽는다.		얼굴에 트러블이 생기면 치료를 받는다.
	연극, 음악회 등 다양한 문화행사에 적극적으로 참여한다.		체중이 늘면 즉각 다이어트를 시작하려 한다.
	스트레스가 쌓이면 취미생활로 풀어버린다.		때에 따라 향수를 잘 사용한다.
	매일 잠깐이라도 기도나 명상을 한다.		몸짓과 제스처에서 우아함과 품격이 흐른다.
	타인에 대한 호기심이 많고 사람 만나는 것이 즐겁다.		걸음걸이가 리드미컬하면서 단정하다.
	남의 말을 잘 듣고 대인관계가 원만하다.		자세가 반듯하다.
	인생의 롤모델이 있다.		여러 종류의 패션 소품을 가지고 있다.
	인사성이 좋고 친절하다.		때와 장소에 맞게 옷을 입을 줄 안다.

의미 없는 만남을 거부하는 현실적인 성격이다.	깔끔하고 단정한 스타일을 좋아한다.
시간 약속을 잘 지킨다.	나의 체형 결점을 커버하는 패션 감각을 가지고 있다.
생각하고 고민하기보다는 행동으로 먼저 옮긴다.	나의 퍼스널컬러를 알고 활용할 줄 안다.
미래의 성공 이미지를 자주 그린다.	튀는 패션 컬러는 별로 좋아하지 않는다.

⊙**결과**

이미지 A는 내적 이미지이며, 이미지 B는 외적 이미지이다. 각 파트별 체크를 해본 결과 해당하는 항목이 몇 개인지 그 개수에 해당하는 좌표에 교차되는 점을 표시하여 자신의 영역을 찾는다.

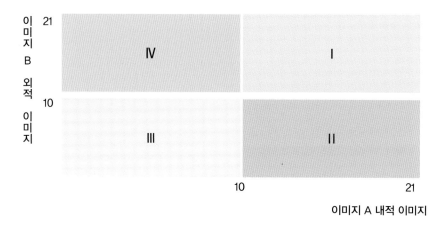

이미지 B 외적 이미지

이미지 A 내적 이미지

Ⅰ. 영역

당신은 내적 이미지와 외적 이미지를 잘 갖추고 있다. 또한 삶에 대한 의욕도 대단히 강하다. 자신만의 개성과 매력을 지속적으로 개발한다면 무리 없이 목표를 달성할 수 있을 것이다.

Ⅱ. 영역

당신은 외모보다 내적 이미지의 가치를 중시하는 사람이다. 때로는 외적 이미지를 추구하는 사람들에게서 우월감을 느낄 때도 있다. 그러나 외모지상주의 현대 문화에 직면하여 당신은 생각을 바꾸지 않으면 안 된다. 당신에겐 변화에 적응할 수 있는 잠재력이 있으므로 지금부터라도 외적 이미지의 중요성을 인식하고 변화한다면 빠른 속도로 경쟁력을 높일 수 있다. 당신의 지성에 감각적인 외적 이미지가 추가된다면 당신은 매우 매력적인 사람이 될 수 있을 것이다.

Ⅲ. 영역

당신은 내적 이미지와 외적 이미지 모두에 관심이 부족한 사람이다.

무슨 일을 해도 잘 되지 않는다는 패배의식을 가지고 있으며 자신감이 부족하여 매사에 소극적인 사람이다. 먼저 외적 이미지를 구축하자. 그러면 어느새 내적 이미지가 강화되어 매사에 긍정적이고 적극적으로 변화된 당신을 발견하게 될 것이다.

Ⅳ. 영역

당신은 외적 이미지에 치중하는 편이다. 지적 능력을 키우기 위해 독서량을 늘리고 자기계발 프로그램에 적극적으로 참여할 필요가 있다. 또한 좀 더 전략적인 차원에서 TOP에 맞는 외적 이미지를 추구할 필요가 있다. 그러면 타고난 감각을 바탕으로 당신의 내재된 능력을 최대한 끌어 올릴 수 있다. [(사)이미지컨설턴트협회 자료 응용]

4. 이미지메이킹 마케팅

'좋은 이미지가 성공에도 유리하다'라는 말처럼 이미지메이킹의 중요성과 필요성이 확인된 만큼 이미지메이킹에 관련된 사업들도 계속 확대되고 있다. 현대를 살아가는 우리는 '이미지'에 대한 관심에서 벗어날 수 없다. 이는 사람뿐만이 아닌 사물, 물건뿐만 아니라 무형의 것들 등에도 해당될 것이다. 아무리 기능이 우수한 상품이 개발되어 시판되었다 해도 먼저 그 물건이 소비자들에게 전달되는 이미지는 매우 중요하다. 따라서 이미지 상승을 위한 디자인, 상품의 이름, 광고를 비롯한 여러 홍보전략들을 전투적으로 하는 이유는 바로 이미지 상승이 곧 매출효과와 큰 관계가 있기 때문이다.

과거에는 품질, 기능성에 더 많은 중요성을 기대했다면 현대사회는 기능뿐만 아니라 같은 값이면 이미지가 좋은 제품을 선호한다. 이는 우리가 얼마나 이미지를 중요시하는지를 알 수 있다. 이미지가 좋은 상품을 사용하면 나의 이미지 또한 상승되기를 바라는 마음으로 좋은 이미지 제품을 사용하는 나 자신과 이미지를 동일시하는 심리가 있기 때문이다.

이미지메이킹은 자신이 갖고 있는 이미지 중에서 장점은 최대한 부각시키고 단점을 최소화하여 보완함으로써 타인에게 긍정적이고 차별화된 이미지를 만들어내는 것이다. 또한 이를 바탕으로 효과적인 비즈니스를 비롯한 사회생활에 있어 보다 긍정적인 관계를 잘 유지하는 것을 이미지메이킹 마케팅이라고 할 수 있겠다. 결국 나 자신이 곧 상품이며 브랜드인 것이다.

5. 이미지메이킹의 7단계

1단계	자신의 객관화 작업(장단점 파악)
2단계	모델링 설정(닮고 싶은 대상 선정 후 변화의 방향 설정)
3단계	자기계발(목표 달성을 위한 노력)
4단계	자기 연출(상황과 대상에 맞춘 표현)
5단계	자신 포장(나 자신의 능력을 상품화, 브랜드화하여 가치 상승)
6단계	자기 홍보, 자기 판매(나 자신의 가치를 인식시키고 최상의 가치로 판매)
7단계	자신에게 진실해지기(신뢰감 형성을 위한 진실성, 진정성)

호감과 비호감 상태에 의한 관계성

Chapter
2

브랜드 전략

Chapter 2

브랜드 전략

1. 브랜드의 역할과 필요성

브랜드의 역할은 다양하다. 사람들은 이성적이고 합리적인 소비를 하는 경우도 있지만 비이성적이고 충동적인 소비를 하는 경우도 많다.

뇌신경과학과 마케팅을 결합한 뉴로마케팅에서는 브랜드의 이미지가 소비자들의 소비에 얼마나 많은 영향을 끼치는가를 연구하였다. 다양한 매체를 통한 광고가 브랜드의 이미지를 형성하고 해당 이미지가 뇌의 각 부분을 자극하여 소비로 이어진다. 이처럼 브랜드, 이미지는 마케팅에서 중요한 역할을 한다.

미래는 평생직장이 보장되지 않는 시장이다. 수명이 늘어나고 기존의 직업은 사라지고 새로운 직업은 많아지고 있다. 또한 정해진 직장에서 일정한 시간에 출퇴근하며 일하고 급여를 받는 전통적인 직업은 점점 줄어들고 있다.

4차 산업혁명의 발달로 이러한 현상은 더욱 가속화될 것이다. 소셜미디어와 같은 개인미디어를 통한 퍼스널 브랜딩은 폭발적이라 할 만큼 다양하게 나타나면서 시간, 공간적으로 구애받지 않는 직업의 형태로 다양화되고 있다. 이와 같이 퍼스널 브랜딩은 스스로 평생직업을 찾아야 하는 개인들에게 상당히 중요한 방식으로 자신의 일을 찾을 수 있도록 도와준다.

2. 퍼스널 브랜드

브랜드는 '코카콜라'와 같은 고유명사를 '콜라'라는 보통명사처럼 느끼게 만드는 역할을 한다. '대일밴드' 또한 마찬가지다. 분명 여러 브랜드의 상품이 있지만 회사명이 많은 사람들에게 각인되었기에 타 브랜드의 밴드조차도 '대일밴드'로 불리기도 한다. 그렇게 상품명 하나가 그 시장 전체를 대표한다.

코카콜라 이미지

대일밴드 이미지

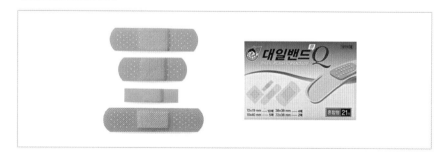

출처 : 헤럴드경제, 던킨 홈페이지

 국내 던킨도너츠는 2020년 1월부터 공식 브랜드명을 '던킨'으로 변경했다.

던킨도너츠 하면 '커피 앤 도넛'이라는 광고 카피가 떠오르기 때문이다. 20여 년 전 국내에 상륙한 던킨도너츠는 국내에서 찾아볼 수 없었던 도넛 전문점으로 한국 시장을 선도해왔다. 하지만 소비자들의 라이프 스타일과 시장 변화에 따라 도넛 수요는 줄었다. 그로 인해 성장 한계에 부딪힌 던킨도너츠는 도넛을 빼고 새 브랜드 '던킨'으로 이름을 바꿔 본격적인 재정비에 돌입했다. 이는 미국 본사에서 1년 전에 먼저 시작했고 국내에서는 올해부터 시작된 것이다.

이처럼 브랜드는 상품의 영향력은 물론이고 홍보성, 지위를 효과적으로 함축하여 소비자에게 상징적으로 전달하는 방법이 된다. 브랜드는 주로 이름과 시각적 이미지를 통해 연상되는 상품의 특징을 수많은 사람들이 거의 똑같은 이미지로 느끼고 받아들이게 된다.

반면 SNS로 고객들에게 감성 마케팅을 시작했던 스타벅스는 단순 '카페 전문점'이 아닌 집이나 직장을 잊고 편하게 쉴 수 있는 '제3의 공간'이라는 마케팅으로 브랜딩에 성공하기도 했다.

퍼스널 브랜딩

사람은 누구나 타고난 재능과 능력이 있다. 퍼스널 브랜드는 나 자신이 가진 재능이나 능력을 확실하게 타인과 세상에 인식시키는 과정이다. 퍼스널 브랜드는 나 자신의 실체와 가치관을 반영하는 것인데 이렇게 '나'라는 브랜드를 이상적인 나의 모습 즉, 퍼스널 브랜드로 만드는 과정을 퍼스널 브랜딩이라고 한다. 사람은 주관적인 '나'와 객관적인 '나' 사이에서 산다고 해도 과언이 아닐 것이다. 이때 나 자신에 대해 얼마만큼 아느냐의 정도는 퍼스널 브랜딩에서 매우 중요하다.

출처 : 퍼스널 브랜딩의 성공적인 사례 : (좌)박막례 크리에이터, (우)75세 임종소 보디빌더

내가 나를 희망하는 퍼스널 브랜드로 구축하기 위해서는 나 자신에 대한 탐구를 해야 한다. 자기 탐구 시에는 추상적이지 않은 구체적이고도 객관적인 시각과 분석이 요구된다. 이를 위해서는 타인이 나를 바로 보고 느끼는 '나'와 나 스스로 내 자신을 바라보는 '나'의 차이를 찾아내야 하며 또한 수용해야 한다.

객관적인 나를 알기 위한 대표적인 검사도구 중에는 MBTI, DISC, 에니어그램 등이 있다.

퍼스널 브랜드를 위한 자기 분석

① 나 자신의 이미지를 그려라

"당신은 누구인가요?" "어떤 사람인가요?"라는 질문을 받는다면 과연 나는 어떻게 대답할 것
인가? 생각나는 대로 답을 10개 적어본다.

1	
2	
3	
4	
5	
6	
7	
8	
9	
10	

② 나의 생활패턴을 분석하라

내가 가장 좋아하는 것, 즐기는 것은 무엇인가?	
1	
2	
3	
4	
5	

내가 가장 잘하는 것은 무엇인가?(특기, 장점 등)	
1	
2	

3	
4	
5	

내가 가장 하고 싶은 것은 무엇인가?(꿈이나 목표 등)

1	
2	
3	
4	
5	

③ 퍼스널 브랜드 자산을 분석하라

브랜드 자산이란, 브랜드가 창출하는 부가가치를 말한다. 동일한 시장의 여러 업체들 사이에서 벌어지는 경쟁에서 브랜드 파워가 있는 제품과 그렇지 못한 제품 사이에 발생하는 이익의 차이가 바로 브랜드 자산이다.

개인의 브랜드 자산 구성요소 3가지

① 기본적 자산 : 기본적인 외적 이미지에 대한 자산

② 기능적 자산 : 지식과 능력에 대한 자산

③ 감성적 자산 : 보이지 않는 마음, 심리, 감정에 관한 자산

개인 브랜드 자산		문항
자신의 기본적 자산이라고 생각하는 것은?	1	
	2	
	3	
자신의 기능적 자산이라고 생각하는 것은?	1	
	2	
	3	
자신의 감성적 자산이라고 생각하는 것은?	1	
	2	
	3	

3. SWOT분석

SWOT분석이란, 특정한 과제를 해결하기 위해 내부 역량(S/W)과 외부환경(O/T)을 조사하는 것으로 강점은 살리고, 약점은 최소화하며 기회를 활용, 위협을 최소화하는 전략을 수립하여 자기계발에 활용하는 것이다.

셀프 브랜딩을 위한 SWOT분석	
Strength강점	Weakness약점
Opportunities기회	Threat위협

4. 퍼스널 브랜드 구축을 위한 브랜드 아이덴티티 과정

① 브랜드 아이덴티티 구상

브랜드 아이덴티티(Identity)는 하나의 문구로 압축되며 소비자의 마음 속에 즉각적으로 떠오르는 브랜드 가치의 핵심으로 "나는 무엇인가"라는 물음에 대한 답변이다. 쉽게 말하자면 '나의 관점으로 미래에 보여주고 싶은 이상적인 나의 모습'이라고 생각하면 되겠다. 선명하게 '이

것이 나의 모습이다' '나는 이런 사람이다'라는 이미지가 그려진다면
브랜드 아이덴티티가 확립되었다고 볼 수 있겠다.

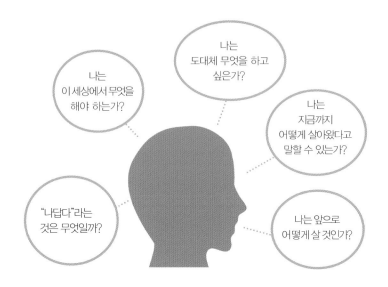

② 브랜드 아이덴티티 설정

브랜드 자산 평가표를 통해 각 요소
별 자신의 핵심 브랜드 자산을 도출하
는 과정으로 기본적 자산, 기능적 자
산, 감성적 자산을 모두 표시한 후 각
요소들 중에서 나를 가장 잘 나타낼
수 있는 핵심요소까지 최종 도출한다.
이렇게 도출된 핵심요소들을 하나의

문장으로 정리하여 나만의 브랜드 아이덴티티를 정의해 보자. 이렇게
완성된 브랜드 아이덴티티는 향후 이력서나 면접을 볼 때 자기 소개
발표에 활용할 수 있으며 명함 등에도 사용할 수 있다.

5. 셀프리더십

　셀프리더십이란 타인이 리더가 아니라 개인 스스로 자기 자신을 통제하고 행동하며 이끄는 리더십을 의미한다. 자율적 리더십 혹은 자기 리더십이라고도 한다.

　셀프리더십이 있는 사람은 기본적으로 책임을 회피하기보다 책임을 지려는 경향이 있고 문제 해결을 위한 창의력과 자율적 통제를 위한 역량을 갖추고 있다. 셀프리더십은 자아실현의 욕구와 같은 고차원적인 욕구에 의해 동기부여되는 것이며 자기관리(self-management)보다 상위 수준의 개념이라고 볼 수 있다.

　자기관리는 내가 해야만 하는 행동 자체에 초점을 두지만, 셀프리더십은 그러한 행동을 해야 하는 궁극적이며 본질적인 이유를 찾는다.

　예를 들어, 다이어트가 자기관리 차원이라고 한다면 셀프리더십은 다이어트를 통해 건강하고 아름다워지고 싶은 내재적 동기부여의 역할이 강조되며 거기에서 이유를 찾는 것에서 출발한다. 결국 셀프리더십은 과업을 수행하는 과정에서 생기는 내재적 보상을 중요하게 여기며 목적의식이나 유능감이 강조된다. 결국 철저한 자기계발을 위해서는 셀프리더십이 요구될 수밖에 없다.

　셀프리더십을 발휘하는 삶은 자율성을 가지고 있지만, 스스로 설정한 목표를 두고 어떤 자세와 에너지로 몰입하느냐에 따라 변화와 성장의 결과가 달라지게 된다. 이 과정에서 가장 핵심적인 에너지는 자기관찰을 통한 자기인식과 자기이해이다.

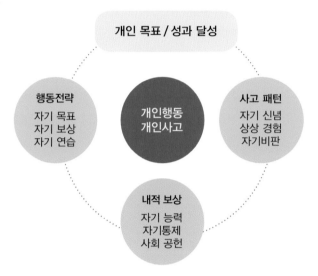

Manz의 리더십 이론 일부

개인 목표 / 성과 달성

행동전략
자기 목표
자기 보상
자기 연습

개인행동
개인사고

사고 패턴
자기 신념
상상 경험
자기비판

내적 보상
자기 능력
자기통제
사회 공헌

셀프리더십의 건설적 인지패턴 전략

앞서 다룬 퍼스널 브랜드를 위한 SWTO분석과 브랜드 아이덴티티 (Identity)의 연장선으로 생각해도 좋겠다. Deci & Ryan(1995)의 자기 결정성 이론에 따르면 사람은 자율성 안에서 스스로 책임감을 가질 때 성취감도 높고 열정적인 몰입과 노력으로 더 효과적으로 목표를 수행할 수 있다고 했다.

나 자신을 관찰하면서 나를 알아가고 이해하기 위해서는 자기 경청의 시간이 필요하다. 나에게 질문하고 정직하게 답을 하면 나 자신의 삶에 대한 정체성이 더욱 선명해질 수 있으며 나 자신의 생각 속에 건설적이고 효과적인 습관이나 패턴을 확립하여 자신감과 낙관주의를 구축하는 데도 큰 도움이 된다.

상상에 의한 자기암시

- 마음속으로 자기 스스로가 무엇을 수행하는지 그림을 그림
- 성공적으로 수행했을 때 만족을 경험하면 어떤 기분일지를 상상함
- 이를 통해 실제 성과에 앞서 상징적으로 행동의 결과를 경험함

신념 관리

- 자신의 신념을 관찰함
- 과업 수행능력에 대해 긍정적 신념을 갖도록 노력함
- 긍정적 자기 대화와 자기 경청
- 긍정적, 낙관적 사고를 강조
- 부정적, 비관적 사고를 피하는 것을 의미
- 어려운 상황을 문제라기보다는 기회로 해석
- 어려움이나 실패에 안주하기보다는 일을 더 잘하기 위해 무엇을 할 수 있는가에 집중

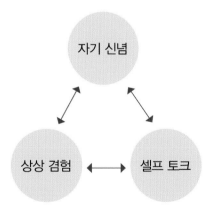

목표가 설정되었다면 '난 할 수 있다'라는 확신을 스스로에게 심어주면서 긍정적인 결과가 나올 수 있도록 노력해야 한다. 내 인생 최고의 순간, 내가 꿈꾸는 상황을 머릿속에 그려보는 습관을 갖자. 그리고 그 꿈을 이

루는 데 비생산적이거나 불필요한 것들은 청산해야 한다. 무엇보다 변명하는 습관을 버리고 상상이 현실이 되기 위해서는 무엇을 해야 할지에 대해 고민하고 행동으로 옮겨야 한다.

타인의 시선으로는 문제를 해결할 수 없다. 나의 문제 해결은 결국 내가 '나'를 잘 아는 것으로부터 시작되기 때문에 나를 향한 질문과 자기 경청은 셀프리더십에 있어 중요한 과정이다. 반복될수록 내 삶의 진정한 주인으로 살게 되고 좀 더 성공적으로 사는 삶이 된다.

질문을 통해 얻은 답변을 바탕으로 보다 성숙한 삶으로 성장, 변화하기 위해서는 뚜렷한 삶의 목적과 사명도 중요하지만 그것을 이루기 위한 열정과 용기 그리고 자기 자신을 향한 믿음과 격려가 중요하다. 그러나 내가 원하는 꿈과 목적은 뚜렷하지만 그것을 이루기 위한 과정이 구체적이지 않거나 측정 불가한 목표들이라면 곤란하다.

SMART 시간관리기법 활용으로 목적 달성하기

S(Specific)

구체적이고 명확한 목표인가?

M(Measurable)

오감을 통해 측정 가능한 목표인가?

A(Action-orinted)

행동 중심적, 성취 가능한 목표인가?

R(Realistic)

현실적으로 현재 상황에서 실현 가능한 목표인가?

T(Timely)

시간 배정을 적절히 하고 즉시 실천 가능한 목표인가?

SMART 시간관리기법은 막연한 꿈을 목표로 다듬는 과정이자 도구이다. 보다 구체적이고 정확한 목표가 설정될수록 목표를 달성할 가능성은 높아진다.

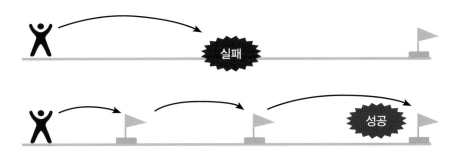

효율적인 시간관리 방법

"중요한 것은 시간표에 따라 우선순위를 정하는 것이 아니라, 우선 해야 할 일에 따라 시간표를 세우는 것이다." -스티븐 코비-

중요한 일과 긴급한 일의 구분을 위한 시간관리를 위해 먼저 중요하지 않은 일을 제거해야 한다.

💡 Q. 나의 일상에서 자주 발생하는 제3 상한의 활동은 무엇인가?

💡 Q. 어떻게 하면 이러한 제3 상한의 활동을 제거하거나 줄일 수 있을까?

시간관리 노하우

① 월간, 주간 계획을 작성하라

- 나의 역할과 주요 영역을 검토, 구분하라.
- 중요한 일을 체크하라.

② 일일계획을 작성하라

- 오늘의 예정 일정을 점검하라.
- 현실적으로 계획 리스트를 작성하라.
- 리스트의 우선순위를 정하라.

첫인상과 표정 이미지메이킹

Chapter 3

첫인상과 표정 이미지메이킹

1. 첫인상의 중요성

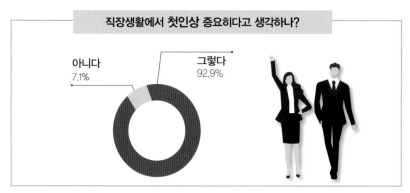

직장생활에서 첫인상 중요하다고 생각하나?

아니다
7.1%

그렇다
92.9%

출처 : 취업포털 커리어 직장인 380명 대상

첫인상이란, 처음 대면하는 매우 짧은 시간에 그 사람에 대한 평가와 결론을 내리는 것을 말한다. 처음 보는 사람에 대해 갖는 최초의 이미지이며 나 자신을 타인에게 개방하는 최초의 단계이기도 하다. 첫인상이 중요한 이유는 무엇보다 처음 인식된 이미지가 어떤 식으로도 계속해서 강력한 영향력을 행사하기 때문이다. 그만큼 이후의 관계 형성에도 매우 중요한 요소가 되기 때문에 사회조직 속에서 개인 또는 사회적 상호작용에 있어 첫인상은 매우 중요한 역할을 한다.

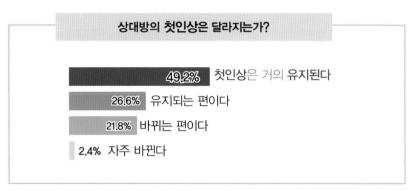

출처 : 취업포털 커리어 직장인 380명 대상

첫인상의 특징

직장인 10명 중 9명은 첫인상이 중요하다는 설문조사 결과를 확인할 수 있다. 또한 직장인 절반은 상대방의 첫인상이 지속된다고도 답했다. 처음 형성된 첫인상을 바꾸는 데 걸리는 시간은 적게는 7시간에서 많게는 40시간의 노력을 해야만 회복된다고 한다. 그만큼 대인관계에서 좋은 첫인상을 주는 것은 매우 중요하며 좋은 첫인상을 주기 위해 노력해야 할 이유이기도 하다.

첫인상 각인의 효과

시간 흐름에 따른 인상 형성	판단 요소	이미지 고착에 영향을 주는 효과	
첫인상	표정, 인사, 자세, 동작, 옷차림, 태도 등 주로 외적인 부분으로 인상 결정	초두효과 Primacy Effect	먼저 제시된 정보가 나중에 들어온 정보보다 더욱 강력한 영향을 미치는 것

첫인상	상대방에게 일방적으로 매우 짧은 시간 안에 평가됨	후광효과 Halo Effect	한 가지 장점이나 매력 때문에 관찰하기 어려운 다른 성격적인 특성들도 인상 형성에 좋게 평가되는 경향
		악마효과 Devil Effect	나쁜 인상 때문에 한 사람의 다른 측면까지도 부정적으로 평가되는 경향
중간 인상	만남이 진행되는 과정에서 말하는 태도와 내용, 말투 등으로 평가 첫인상이 긍정적이었다면 긍정 이미지를 각인시킬 수 있고 부정적이었다면 좋게 바꿀 수 있는 좋은 기회	맥락효과 Context Effect	처음 제시되었던 정보가 나중에 들어오는 정보들의 처리지침을 만들고 전반적인 맥락을 형성하는 것
		부정성 효과 Negativity Effect	부정적인 특징이 긍정적인 특징보다 인상 형성에 더욱 강력하게 작용하는 현상
		낙인효과 Stigma Effect	과거의 이력이 현재의 평가와 첫인상에 영향을 주는 것으로 부정적 편견이나 선입견이 관계에도 영향을 주는 현상. 첫인상과 중간 인상, 이후 관계에도 부정적 영향을 줌
끝인상	만남이 마무리되는 과정에서 결정되는 인상으로 소홀하기 쉬움. 인사, 자세, 시선, 말투, 태도 등에 더 신경써 줄 것	최근효과 Recency Effect	마지막에 제공되는 정보나 가장 최근에 받은 이미지가 그 인물에 대한 인상 평가에 영향을 줌. 첫인상만큼 끝인상도 매우 중요

Etc	방사효과 Radiation Effect	매력적인 사람과 같이 있으면 사회적 지위나 자존 감이 향상되는 것
	대비효과 Contrast Effect	너무 매력적인 상대와 함께 있으면 그 사람과 비 교가 되어 평가절하되는 현상
	현저성효과 Vividness Effect	일부 특정한 정보나 인상 깊은 자극에 집중하여 그 사람을 평가하는 것 예) 매력적인 남성이 코털이 빠져 나오거나 바지 지퍼가 열려 있다면 그 자극에 집중되어 매력도가 떨어짐
	빈발효과 Frequency Effect	각인된 부정적 첫인상도 지속적인 만남을 통해 호 감적인 언행을 반복적으로 보이면 부정적 첫인상 이 긍정적으로 바뀌는 현상

2. 표정 이미지

얼굴의 정의

얼굴은 첫인상에 영향을 주는 요인 중 하나로 자신을 표현하고 나타내는 정보이자 이미지의 전부가 될 수 있다.

얼굴에서 '얼'은 영혼을 의미하고 '굴'은 통로라는 뜻을 지니고 있다. 자신의 표정이나 인상은 상대방에게도 비치게 되어 긍정적이거나 부정적인 영향을 주게 된다.

하루 중 타인이 나를 보는 시간은 평균 17.5시간이며 내가 나를 보는(거울)시간은 평균 0.5~1시간이라는 통계가 있다. 우리는 표정을 통해서 상대의 심리상태, 건강상태, 교양 정도 등을 판단할 수도 있다. 유연한 대인

관계와 좋은 이미지의 성공요인이 되는 호감형 이미지에 절대적 영향을 주는 것은 바로 표정이다.

표정 구분	
무의식적 무표정	의식적 무표정
무의식적 표정	의식적 표정

무의식 상태에서도 호감형 인상이 되기 위한 좋은 표정 만들기 연습은 절대적으로 필요하다.

우리의 얼굴에는 약 80여 개의 근육이 있다. 이 근육들로부터 7,000가지 이상의 표정을 만들 수 있는데 기분이 좋아서 웃을 때는 그중에서 약 13개의 근육만 사용된다고 한다. 반면에, 화가 날 경우에는 그보다 훨씬 더 많은 약 63개의 근육이 쓰인다는 연구 결과가 있다.

부정적 상황에 비해 긍정적인 상황에서 사용되는 얼굴 근육의 수가 훨씬 적은 만큼 웃는 인상을 만들기 위해서는 의도적인 표정 연습이 필요하다.

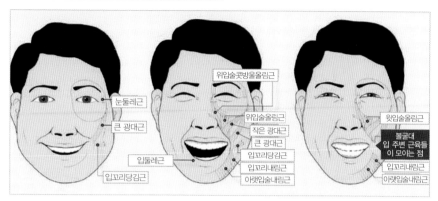

출처 : 윤관현

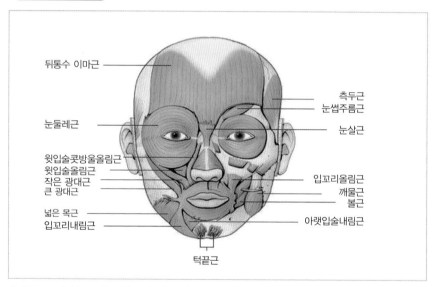

출처 : 잡코리아(2012년 10월 11일, 남녀 직장인 822명 대상)

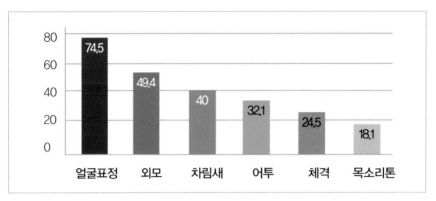

출처 : 잡코리아(2012년 10월 11일, 남녀 직장인 822명 대상)

3. 호감인상 만들기

기분 좋은 표정은 단연 미소가 있는 표정이다. 미소는 호감형 이미지 형성뿐만 아니라 건강증진의 효과도 크다. 타인과의 관계에 긍정적 영향력을 주고 나 자신의 정신건강에도 매우 유익한 미소훈련을 지속적으로 하는 것이 좋다.

미소훈련

① 입꼬리 올리기 : '위스키' 한 상태에서 힘을 빼고 입을 다문다.
② ㅏ, ㅐ, ㅣ, ㅗ, ㅜ, ㅔ 발성 연습을 통해 입 주위 근육을 충분히 풀어준다.
③ 눈동자를 여러 방향으로 움직여서 눈빛을 자연스럽게 만든다.
④ 생기 있고 진정성 있는 미소는 눈빛과 눈 주변 근육에 달려 있다.

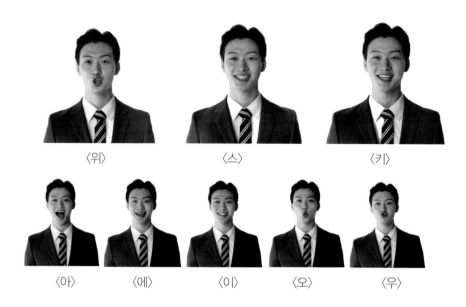

〈위〉 〈스〉 〈키〉

〈아〉 〈에〉 〈이〉 〈오〉 〈우〉

진짜 미소 vs 가짜 미소

표정 구분		
판앰미소	웃을 때 입만 웃는 가짜 미소	항공사 승무원들이 고객을 의식하며 응대할 때 짓는 미소로 항공사 이름에서 따왔음 판앰: 미국 항공사 중 하나
뒤센미소	마음에서 우러나오는 눈가가 웃는 진짜 미소	기욤 뒤센의 연구 중 진짜 웃음은 눈가 근육이 많이 움직이고 두 뺨의 상반부가 올라간다는 것을 발견. 연구자의 이름에서 따왔음 기욤 뒤센 : 프랑스 신경심리학자

판앰미소

뒤센미소

미소의 종류

미소(微笑) : 소리를 내지 않고 방긋이 웃는 웃음

실소(失笑) : 알지 못하는 사이에 툭 터져나오거나 참아야 하는 자리에서 터져
나오는 웃음

홍소(洪笑) : 크게 입을 벌리고 떠들썩하게 웃는 웃음

폭소(爆笑) : 여럿이 폭발하는 갑자기 웃는 웃음

냉소(冷笑) : 쌀쌀한 태도로 업신여겨 웃는 웃음

고소(苦笑) : 쓴웃음

조소(嘲笑) : 조롱하는 태도로 웃는 웃음

파안대소(破顔大笑) : 얼굴표정을 한껏 지으며 크게 웃는 웃음

가가대소(呵呵大笑) : 껄껄하고 크게 웃는 웃음

앙천대소(仰天大笑) : 고개를 젖히고 하늘을 우러르며 웃는 웃음(어이가 없어 웃는
다는 뜻)

Chapter 4

음성 이미지와
자세 이미지메이킹

Chapter 4

음성 이미지와
자세 이미지메이킹

1. 음성 이미지

긍정 이미지를 위한 좋은 목소리에는 크게 호흡, 발성, 발음이 중요하다.

호흡이란 말의 체력이라 볼 수 있고 발성은 호흡을 가지고 성대를 진동시켜 소리를 내는 것이다. 말의 소리값이라고 할 수 있는 발음은, 발음기관을 자극하여 밖으로 표출시키는 물리적인 신체기능이다.

조금 더 쉽고 자세히 설명하자면 숨을 들이쉬었을 때 가슴과 어깨가 위로 올라가는 흉식호흡이 아닌 배가 볼록 나오는 복식호흡과 목소리에 울림 있는 공명, 그리고 오독 없이 전달력 높은 정확한 발음이다.

바른자세에서 좋은 목소리가 나온다

좋은 음성 이미지를 만들기 위해 가장 우선시되어야 할 것이 있다. 그것은 바로 바른자세이다. 바른자세에서 좋은 목소리가 나온다고 보면 된다.

특히 목과 머리는 발성기관에 직접적인 영향을 주기 때문에 턱을 들듯이 위로 향하거나 고개를 숙이듯 아래를 향해서도 안 된다.

좋은 음성 이미지를 위한 바른자세

① 목과 어깨에 긴장을 풀고 귀와 어깨가 멀어지게 한 뒤 힘을 뺀다.

② 발은 어깨너비로 벌리고 가슴과 어깨를 편다.

③ 시선은 정면 혹은 정면에서 2~3cm 위를 응시한다.

④ 앉아 있다면 등받이에 편하게 기대지 말고 허리를 곧게 세운다.

복식호흡의 중요성

호흡은 흉식호흡보다는 복식호흡이 훨씬 더 유리하다. 1분을 기준으로 복식호흡의 경우에는 약 510회가량의 숨을 쉬게 된다. 복식호흡으로 숨을 깊게 들이마시면 횡격막이 흉식호흡보다 더 아래로 내려가게 된다. 그런 만큼 가슴속 공간이 더 넓어지고 폐는 산소를 더 많이 확보할 수 있어 더 부풀어 오를 수 있다. 반면 흉식호흡은 1분에 약 1,620회 정도 숨을 쉬는데 호흡이 짧은 만큼 말을 할 때 안정감을 줄 수 없으며 다양한 표현력 구사에도 복식호흡보다 유리하지 않다. 호흡이 안정감 있을 때 이후 발성과 발음이 균형을 이루면 최고의 음성 이미지를 연출할 수 있다. 따라서 복식호흡 훈련은 지속적으로 해야 한다.

흉식호흡

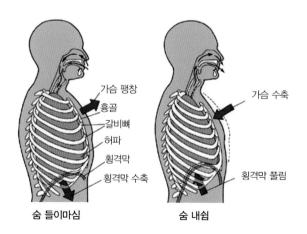

가슴 팽창
흉골
갈비뼈
허파
횡격막
횡격막 수축

가슴 수축

횡격막 풀림

숨 들이마심　　　숨 내쉼

복식호흡법

① 긴장을 풀고 어깨가 올라가지 않게 의식한다.

② 두 손 중 한 손은 가슴에, 다른 한 손은 배에 살포시 올려둔다.

③ 숨을 크게 들이쉬면서 가슴이 위로 올라가지 않고 배가 볼록 나오는 지 확인한다.

④ 이후 가슴 위에 올린 손을 배로 이동시켜 단전을 눌러주고 다른 한 손으로는 아랫배가 볼록 나오는지 확인한다. 이때 가능한 한 숨에 배가 최대한 많이 나올 수 있게 한다.

⑤ 볼록 나온 배에 힘을 주고 잠시 멈춘다.

⑥ '후~' 소리를 내면서 최대한 천천히 아끼듯 숨을 내뱉어주고 배를 완전히 수축시켜 준다.

⑦ 지속적 반복연습으로 복식호흡을 생활화하면 좋다.

복식호흡

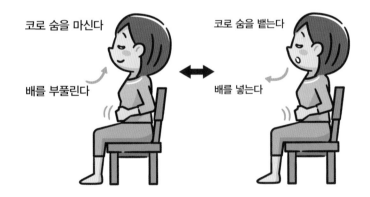

2. 자세 이미지

선 자세

① 무릎은 힘을 주어 붙인다.

② 엉덩이는 힘을 주어 위로 당긴다.

③ 배는 힘을 주어 앞으로 내밀지 않도록 한다.

④ 등줄기는 꼿꼿이 편다.

⑤ 가슴은 쭉 펴고 턱은 당긴다.

⑥ 미소 지을 때 입 꼬리를 위쪽으로 향하여 윗니가 보이도록 한다.

⑦ 시선은 정면을 향한다.

⑧ 전체적으로 천장에서 당기는 듯한 느낌이 들도록 선다.

앉기와 일어서기

① 한쪽 발을 뒤로 밀어 균형 있게 앉는다.

② 여성의 경우 스커트 뒷자락을 한 손으로 잡고 앉는다.

③ 다른 한 발을 당겨 나란히 붙여 비스듬히 내놓는다.

④ 무릎과 발끝을 붙이고 손은 모아 무릎 위에 올려놓는다.

⑤ 어깨 너머로 의자를 보고 의자 깊숙이 앉는다.

⑥ 턱은 당기고 시선은 정면, 상대의 눈을 본다.(항상 일어설 수 있는 자세로 한다. 여성은 반드시 무릎을 붙임)

걷는 자세

① 어깨와 등을 곧게 펴고 시선은 정면을 향한다.

② 무릎은 곧게 펴고 배를 당기며 몸의 중심을 허리에 둔다.

③ 턱은 당기고 시선은 자연스럽게 앞을 본다.

④ 팔을 자연스럽게 흔들고 무릎은 스치듯 걷는다.

⑤ 발 앞끝이 먼저 바닥에 닿도록 하며 걷는 방향이 직선이 되도록 한다.

⑥ 발소리가 나지 않도록 체중은 발 앞에 싣는다.

⑦ 발을 끌어당겨 옮기기에 적당한 속도로 걷는다.

⑧ 한 줄의 선 위를 걷는 것처럼 걷는다.

계단 오르기

① 상체를 곧게 펴고 몸의 방향을 비스듬히 하여 걷는다.

② 무게중심을 발의 앞 부리에 두어 소리가 나지 않게 걷는다.

③ 올라갈 때의 시선은 15도 정도 위를 향한다.

④ 내려갈 때의 시선은 15도 정도 아래를 향한다.

⑤ 올라갈 때는 남자가 먼저, 내려갈 때는 여자가 먼저 내려간다.

3. 보디랭귀지 바로 알기

한국인의 보디랭귀지는 서양인들에 비해 표정만큼이나 밋밋한 편이다. 바른자세와 세련된 포즈, 대화할 때의 적절한 제스처는 효과적인 커뮤니케이션에 필수조건이다. 따라서 평소에도 내가 전달하고자 하는 말의 의미에 맞게 적절한 제스처와 보디랭귀지를 구사하는 것이 좋다.

보디랭귀지	의미
경쾌한 발걸음	자신감
엉덩이에 손을 얹고 서 있음	공격성
다리를 포개고 앉아 발끝을 약간 올림	지루함
다리를 벌리고 앉음	마음이 편안함
팔짱을 가슴 위로 끼고 있음	방어
주머니에 손을 넣고 웅크리고 걸음	좌절감
손을 뺨에 대고 있음	평가, 심사 중
코를 만지거나 비빔	거절, 의심, 거짓
눈을 비빔	의심, 불신
머리를 손으로 잡고 눈을 아래로 뜸	무료함
손을 비빔	기대감
손을 머리 뒤로 깍지 끼고 다리를 포갬	우월감, 자신감
손바닥을 보임	진실함, 개방, 순수
코끝을 아래로 향해 고개를 숙이며 눈을 감음	부정적 평가
손가락으로 탁자를 톡톡 치기	조급함
머리를 만지거나 가볍게 침	자신감 결여, 불안감
머리를 기울임	흥미, 관심
아래를 내려보고 머리를 돌림	불신
손톱 물기	불안함, 과민함
손을 목 뒤로 하기	대화 중단 희망

안내 및 방향 지시 제스처와 보디랭귀지

① 손가락을 가지런히 모아 바닥을 위로 하여 손 전체로 지시한다.

② 손등이 보이거나 손목이 굽지 않도록 한다. 움직여 팔꿈치를 굽히면서 가리키고, 팔의 각도로 거리감을 표시한다.

③ 시선은 상대의 눈에서 지시하는 방향으로 갔다가 다시 상대의 눈으로 옮겨 상대의 이해도를 확인한다.

④ 우측을 가리킬 경우 오른손을, 좌측을 가리킬 경우 왼손을 사용한다.

⑤ 사람을 가리킬 경우 두 손을 사용한다.

⑥ 뒤쪽 방향을 지시할 때는 반드시 몸의 방향도 뒤로 하여 가리킨다.

4. 거리공간(Body Zone) 분류와 효과적인 자리 배치

거리공간 분류

종류	거리 넓이	특징
1. 근접 공간 intimate distance	40~50cm	상대방의 표정, 냄새 등 감각 자극과 신체 접촉이 가능한 거리로 사랑하는 연인 사이나 친구 사이, 부모와 자식 사이 등에 해당
2. 개인 공간 personal distance	50~120cm	상대방과 닿을 수 있는 거리지만 채취까지는 느껴지지 않는 거리로 대화를 나누기에 충분히 가까운 거리. 특정한 프라이버시를 허용
3. 사회 공간 social distance	1~3.6m	큰 소리를 내야만 상대방이 들을 수 있는 거리는 1~2m로 일반적 업무를 처리하는 거리. 2~3m 사이는 보다 형식적인 사회적, 사업적 관계에 이용되는 거리로 비즈니스 공간
4. 공공 공간 public distance	3.6m 이상	대중연설, 강연장, 교실 같은 공간의 거리로 8m 이상의 공공거리는 정치가들 사이나 인간과 동물 간의 접촉에서 안전요소 역할을 하는 거리

효과적인 자리 배치

종류	거리 넓이
타협형	• 테이블의 코너를 끼고 90도로 앉는 형태 • 사소한 부탁이나 타협을 하는 데 이용하면 효과적이다.
협력형	• 나란히 붙어 앉는 형태 • 시선을 부딪히지 않고 말할 수 있어 약간 무리한 부탁과 의뢰도 꺼리지 않고 말할 수 있다.
설득형	• 테이블을 보고 마주 앉는 형태 • 시선을 마주치기 쉬워 격식을 차린 긴장된 분위기나 토론을 하고 싶거나 상대를 설득하고 싶을 때 활용하면 효과적이다.
압박형	• 테이블을 보고 대각선으로 앉는 형태
부각형	• 상사가 테이블 중앙에 앉아 있고 본인이 반대쪽에 비스듬히 기울어진 곳에 앉아 있는 형태 • 회의좌석에서 자신의 존재를 의식시킬 수 있는 좋은 포지션이다.

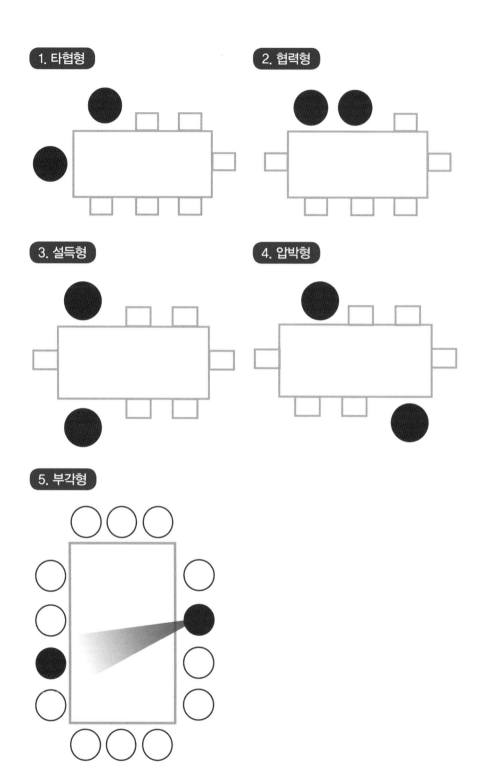

Chapter 5

매너 이미지메이킹

매너 이미지메이킹

1. 인사 매너

인사의 정의

인사[사람 인(人), 일 사(事)]란, 인(人) 즉 사람이 하는 사(事) 즉 일로서 서로 만나거나 헤어질 때 말이나 태도 등으로 존경, 우정 등을 표현하는 행동양식으로 동양예절의 기본이며 인간관계의 시작이자 윤리 형성의 기본이다. 요컨대 인사는 마음의 문을 여는 열쇠로서 예절과 매너의 시작이라 할 수 있다.

나라마다 인사가 다른 이유는 구성원의 문화와 환경이 다르기 때문이며 글로벌 시대를 살아가는 오늘날, 우리는 각 나라별 다양한 인사를 받아들이고 존중해야겠다.

인사를 통해 알 수 있는 것

① 반가움의 표시
② 상대에 대한 존경심의 표현
③ 자신의 교양과 인격의 표현

인사의 기본 자세

① 밝은 표정으로 상대방의 눈을 바라보며 바르게 선다.
② 상대방과 시선을 맞추고 밝은 미소를 지으며 상냥하게 인사말을 건넨다.
③ 가슴과 등을 자연스럽게 곧게 펴고 허리부터 숙인다.
④ 머리, 등, 허리가 일직선이 되도록 숙인 상태에서 1초 정도 멈춰서 공손함을 더한다.
⑤ 자연스럽게 상체를 일으켜 세운다.
⑥ 상체를 똑바로 세운 후 상대의 눈을 보며 미소를 짓는다.

인사의 기본 자세

인사의 종류

목례
가벼운 인사
좁은 실내에서
자주 만날 때

보통례
일반적인 인사
고객, 웃어른,
상사를 대할 때

정중례
정중한 인사
사과, 감사 표현을 할
때 경조사에서

인사 매너의 5대 포인트

① **내가 먼저 인사한다.**

　직급과 나이에 상관없이 상대방을 먼저 본 사람이 인사한다.

② **미소와 함께 인사한다.**

　미소와 함께 인사하면 호감을 줄 수 있다.

③ **바라보며 인사한다.**

　얼굴을 보고 눈이 마주 봐야 제대로 된 인사를 할 수 있다.

④ **밝은 인사말과 함께 인사한다.**

　인사말을 덧붙이면 보다 친근함을 줄 수 있다.

⑤ **상대나 상황에 적절한 인사를 한다.**

　직급이나 나이에 맞는 호칭을 부르며 상황에 맞게 인사한다.

2. 악수 매너

　악수는 앵클로색슨계 민족들 사이에서 자연스레 생겨난 인사방식이다. 남자들이 우호적 관계를 맺고 싶을 때 공격하지 않겠다는 뜻으로 오른손을 내민 것에서 유래되었다.

　지금도 악수는 특별한 장애가 없는 한 반드시 오른손으로 한다. 이때 오른쪽 팔꿈치를 직각으로 굽혀 손을 자기 몸의 중앙이 되게 수평으로 올려준다. 네 손가락은 가지런히 펴고 엄지는 벌려서 상대의 오른쪽 손을 살며시 잡았다가 놓는다. 이것이 악수의 기본동작이다.

　악수를 할 때 손을 흔드는 횟수는 비즈니스의 경우에는 약 3회 정도, 지인이나 친구 사이에는 약 5회 정도 흔드는 것이 적합하다. 정치인이 유권자를 대상으로 악수하면서 유세할 때는 약 2회 정도가 적합하다.

악수 매너의 5대 원칙

① **미소**(Smile): 자연스럽고 부드럽게 미소

② **눈맞춤**(Eye Contact): 상대의 눈을 응시

③ **적당한 힘**(Power): 적당한 힘을 주고 손을 잡기

④ **적당한 거리**(Distance): 팔꿈치가 자연스럽게 굽혀지는 정도의 거리 유지

⑤ **리듬**(Rhythm): 손을 지나치게 흔들지 않고 두세 번 정도로 한다.

악수 방법

① 먼저 바른자세를 유지한 후 밝은 표정으로 상대의 눈을 바라본다.

② 오른쪽 팔꿈치를 직각으로 굽혀 수평으로 올린다.

③ 손가락을 가지런히 하고 엄지는 벌려서 상대방 오른손 검지 사이에 맞추듯이 살며시 쥔다.

④ 적당한 힘을 주어 잡은 후 맞잡은 손을 2~3번 정도 가볍게 흔든다.

⑤ 상대가 아플 정도로 힘을 주거나 지나치게 흔들지 않도록 주의한다.

악수 하는 순서

악수를 할 때도 순서가 있다. 먼저 남성과 여성의 경우 여성이 남성에게 먼저 청한다. 또 연령차가 있는 경우에는 윗사람이 아랫사람에게, 선배

가 후배에게 청한다. 만약 결혼을 했는지 등이 확인된다면 기혼자가 미혼자에게 청하는 것이 순서이며 직급상으로는 상급자가 하급자에게 악수를 청하는 것이 옳다.

3. 명함 매너

명함 교환은 비즈니스에 있어 자신을 알리는 수단이자 서로를 연결해 주는 중요한 매개체이다. 상대방의 명함을 정중히 다루는 것은 상대와 상대방이 속한 조직(회사)에 대한 경의를 표현하는 것으로도 해석되기 때문에 신경써야 한다. 명함을 소홀히 다루는 행위는 상대를 불쾌하게 만들기에 충분하다. 또한 명함을 전달할 때 나 자신의 첫인상 또한 결정되므로 주고받을 때 매너가 필요하다.

명함 건네는 순서

명함은 직급이나 서열이 낮은 사람이 먼저 전달하는 것이 매너이다. 만약 타사를 방문했다면 지위와 무관하게 방문한 사람이 먼저 건네는 것이 좋다.

명함 건네는 방법

① 명함은 꼭 명함 케이스나 지갑에 깨끗한 상태로 여유 있게 준비한다.
② 명함을 줄 때는 반드시 일어서서 정중하게 인사하며 건넨다.
③ 명함을 건넬 때는 왼손으로 받쳐서 오른손으로 준다.
④ 명함은 상대방의 허리선에서 가슴 높이로 건넨다.
⑤ 이때 상대방이 읽기 쉬운 방향으로 돌려서 건넨다.
⑥ 명함을 건넬 때는 자신의 소속과 이름을 확실하게 밝히면서 준다.
⑦ 명함은 손아랫사람이 손윗사람에게 또는 손님이 먼저 건넨다.

명함을 받는 매너

① 명함을 받을 때도 일어서서 양손으로 목례를 하면서 받는다.(오른손으로 받고 왼손으로 받침)

② 받은 명함은 허리 높이 이상으로 유지하면서 스몰토크를 나눈다.

③ 명함을 받은 즉시 명함 지갑에 넣지 않고 상대의 회사 및 소속과 이름을 확인한 후 미팅이 진행되는 동안 테이블 위에 올려둔다.

④ 상대의 이름과 직책을 호명할 일이 생기면 직책으로 호명하며 매너를 더한다.

⑤ 상대에게 받은 명함에 모르는 글자가 있으면 정중하게 물어본 뒤 나중에 메모해 둔다.

⑥ 받은 명함에 글씨 또는 낙서를 하거나 책상 위에 그냥 내버려두어서는 안 된다. 또한 명함을 손에 쥐고 만지작거리거나 산만한 행동을 보여서도 안 된다.

⑦ 자리를 마무리하고 인사를 나누면서 받은 명함은 명함 지갑에 집어넣는 것이 원칙이며 받은 명함은 그날 중으로 3W(When, What, Where) 정보를 명함 여백에 쓰고 명함 보관 케이스에 정리해 두면 다음에 참고가 된다.

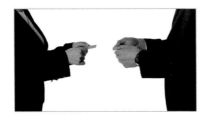

4. 소개 매너

① 지위가 낮은 사람을 높은 사람에게 소개함

② 남성을 여성에게, 미혼자를 기혼자에게 소개함

③ 사회적 지위가 낮은 사람을 높은 사람에게 소개함

④ 소개를 부탁한 사람을 고객에게 소개함

⑤ 연소자를 연장자에게 소개함

⑥ 고객에게 직원을 소개함

5. 전화 매너

우리나라에 전화가 처음 보급된 것은 1893년이었다. 이후 일상생활은 물론이고 전화는 업무처리에서도 매우 중요한 역할을 하고 있다. 기업에서는 서비스 전문인의 전화응대를 모니터링하면서 인사고과에 반영하거나 전화응대 서비스 교육을 지속적으로 실시하고 있다. 이는 전화를 통한 고객만족 서비스를 실현하고자 하는 노력들 중 하나이다.

기업뿐만 아니라 개인적으로도 상대와 대면하지 않고 단지 음성과 언어만으로 대화가 이어지기 때문에 상대방의 몸짓이나 표정, 감정 등을 정확하게 파악하기 어렵다. 때문에 자칫 오해가 생기기도 쉽다. 따라서 긍정적인 이미지 형성을 위한 올바른 전화 매너가 더욱 요구된다.

전화는 고객 접점의 제일선이 되며 다른 업무나 서비스에도 관련 있는 영향을 미친다. 전화응대 시에는 친절하고 신속하게 고객의 욕구를 충족시키고 문제 해결에 즉각적인 도움을 줄 수 있도록 전문성을 갖추도록 한다.

전화 매너의 3대 요소

① 정확성

- 음성을 바르게 하고 발음을 명확하게 한다.
- 성명, 품명, 수량, 일시, 장소 등은 천천히 정확하게 전한다.
- 상대가 이해하지 못할 전문용어나 틀리기 쉬운 단어는 사용하지 않는다.
- 내용의 요점이 상대에게 정확하게 전달되었는지 확인하고 복창해야 한다.
- 중요한 부분을 강조한다.
- 상대의 의도를 정확하게 파악할 수 있는 듣기 능력을 길러야 한다.
- 업무에 대한 정확한 전문지식을 갖춰야 한다.

② 친절성

- 바로 앞에 상대방이 있다는 마음으로 응대한다.
- 상대방을 존중하면서 경청하고자 하는 열린 마음으로 응대한다.
- 필요 이상으로 소리를 크게 내거나 웃지 않도록 한다.
- 말을 가로채거나 혼자서 말하지 않도록 한다.
- 상대방이 감정적으로 말하면 이쪽에서는 한 발 뒤로 물러서서 언쟁을 피해야 한다.
- 경박한 단어는 사용하지 않도록 한다.

③ 신속성

- 전화를 걸기 전에 용건을 육하원칙에 맞추어 말하는 순서와 요점을 정리한다.
- 불필요한 말은 반복하지 않는다.
- 필요한 농담이라도 정도가 지나치지 않게 한다.
- 시간의식을 가져야 한다.

전화응대 포인트

- 전화벨은 (3)번 이상 울리기 전에 받는다.
- 목소리에도 (표정)을 담아서 이야기한다.
- 상대의 말을 (끝까지) 듣는다.
- 전화가 대기 중일 때 (잡담)을 주의한다.
- 무언의 (한숨)을 주의한다.
- (상대방)이 먼저 끊는다.

6. 휴대전화 매너

현대사회에서 휴대전화는 생활필수품이다. 일반적인 사항은 일반 전화 응대와 같으나 걸어다니면서 때와 장소를 구애받지 않고 사용할 수 있는 장점으로 인해 그만큼 더 사용에 주의해야 한다. 특히 개인 휴대전화는 근무시간에 진동으로 해두어야 하며, 회사 내에서 개인적인 용무가 있어 사용하는 경우에는 점심시간과 같이 근무시간 외를 활용하는 것이 좋다.

회의 중이나 연수, 상담 중에는 전원을 끄거나 진동, 혹은 무음으로 하며, 어쩔 수 없는 상황에는 사전에 양해를 구해야 한다. 업무상 필요해서 전화기를 켜놓는 경우에는 착신 멜로디를 비즈니스와 어울리는 것으로 하고 외부 사람이 상사나 동료의 휴대전화를 문의할 경우 동의 없이 전달해서는 안 된다. 그럴 경우 "죄송합니다만, 제가 ○○○님께 전화드리라고 하겠습니다"라고 정중하게 거절하도록 한다.

7. 테이블 매너

식사 예절은 각국의 문화와 특수성에 따라 발달해 왔으므로, 외국인과 식사할 기회가 많아진 현대사회에서 각국 음식문화의 특징과 식사 예절을 바르게 알고 세련되게 실천해 가는 것이 필요하다.

테이블 매너는 사람들이 식사를 통해 서로를 이해하고 좀 더 즐거운 교제를 할 수 있는 약속이며 배려이다. 소리를 크게 내거나 지나친 향수 냄새로 코를 찡그리게 하는 것, 어울리지 않는 복장, 식기가 부딪치는 날카로운 소리 등으로 인하여 식사시간을 망친다면 함께 식사한 사람에 대한 기억도 당연히 좋지 않아진다.

테이블 매너는 태어나서 현재에 이르기까지 오랜 세월의 경험을 통해 축적되고 체질화된 습관이기 때문에 단시간에 고치기도 어렵고 각 문화에 따라 다르다는 데 어려움이 있을 수 있다.

한국음식의 특징과 예절

한국은 삼면이 바다로 둘러싸여 있고 대륙과 통하는 지형적 특징을 지닐 뿐 아니라 사계절이 뚜렷하여 각 지역의 향토성과 특색을 살린 다양한 전통음식과 절기음식이 잘 발달되어 왔다.

또한 한국음식은 주식과 부식이 분리되어 있으며 곡물 조리법과 저장식품, 가공식품의 발달, 각 계절과 지역에 따른 각종 절기음식과 행사음식 및 의례음식이 발달하였다.

음식의 간을 중요시하고 아침, 저녁 음식에 중점을 두었으며 상을 차리는 격식이 잘 발달되어 있고 상차림에서 음식을 놓는 장소도 정해져 있다.

한국에는 '밥상머리 예절'이라는 말이 있다. 감사한 마음가짐으로 식사에 임하며 바른자세와 단정한 옷차림으로 밥상 앞에 앉아야 하며 무엇보다 큰 소리를 내지 않으며 식사해야 했다. 하지만 오늘날의 분위기는 많이 달라졌다. 핵가족화와 바쁜 일상 속에서 식사시간은 가족 구성원들이 한자리에 모이는 시간으로 과거와 달리 대화를 나누며 식사하는 분위기로 변화되었다.

서양 테이블 매너

　상대방을 배려하는 테이블 매너는 예약에서부터 시작된다. 고급 레스토랑을 사교나 접대목적으로 이용할 때는 불편함이 없도록 예약해 두는 것이 매너이다. 레스토랑 이용 시 입구에 들어서면 반드시 지배인 또는 리셉셔니스트의 안내를 받고 정식 디너의 경우 상황에 따라 배석이 정해져 있으므로 유의하여 앉도록 한다.

예약(Reservation)

① 시간의 여유를 가지고 보통 7~10일 전에 예약하고 전날에 예약을 재확인한다.
② 예약 시에는 자신의 성명, 연락처, 일시 및 참석자의 수와 모임의 종류를 알려준다.
③ 예약시간은 반드시 지켜야 하며 불가피하게 취소할 상황이 생기면 최소한 하루 전에는 알린다.
④ 단체 모임 시에는 미리 메뉴를 예약하고, 기념일인 경우 사전에 협의하여 별도의 특별서비스를 예약한다.

착석 매너

① 레스토랑에 도착하며 지배인 혹은 리셉셔니스트의 안내에 따라 이동한다.
② 의자에 깊숙이 앉아 등을 펴고 몸과 테이블 사이는 주먹이 하나 들어갈 정도의 거리를 둔다.
③ 착석 후에는 팔꿈치를 테이블 위에 세우거나 턱을 괴는 행위는 삼간다.
④ 테이블에 앉을 때 나리를 꼬거나 나리를 올리고 앉지 않는나.
⑤ 테이블 위에 소지품이나 물건을 올려놓지 않는다.

주문 매너

① 메뉴는 천천히 시간을 두고 살펴보는 것이 예의이다.

② 특별한 메뉴가 떠오르지 않으면 레스토랑 종업원의 추천 메뉴를 참조한다.

③ 초대받았을 경우에는 중간가격대의 요리를 주문하거나 초대한 사람의 음식가격과 비슷한 가격의 음식으로 주문한다.

④ 웨이터를 부를 때는 큰 소리로 부르는 것은 실례이며 가볍게 눈짓을 하거나 손을 든다.

식사 중 매너

① 음식이 모두에게 나오기를 기다렸다가 식사하는 것이 정석이다.

② 음식을 씹을 때는 입을 다물고 소리를 내지 않는다.

③ 테이블에서 큰 소리를 내거나 크게 웃는 것은 피한다.

④ 식사 중 나이프나 포크가 떨어지면 줍지 말고 웨이터에게 새것을 요청한다.

⑤ 식사 도중에는 식기를 치우거나 포개놓지 않는다.

⑥ 상대가 입에 음식을 넣었을 때는 말을 건네지 않으며, 입안에 음식이 있으면 서둘러서 말하지 않고 음식을 삼킨 후에 말한다.

⑦ 식사 중에는 될 수 있으면 자리를 뜨지 않는 것이 좋다. 특히 휴대전화 때문에 들락거리면 식사를 함께하는 사람에게 신경쓰지 않는다는 의미이므로 실례이다.

⑧ 먼저 식사를 마쳤다고 일어나는 것은 실례이다.

포크, 나이프 사용법

① 접시를 중심으로 왼쪽에 포크가 오른쪽에 나이프가 놓인다. 위치한 대로 왼손에는 포크, 오른손에는 나이프를 잡는다.

② 식탁에 놓인 나이프는 바깥쪽에서 안쪽으로 놓인 순서대로 사용한다.

③ 나이프와 포크를 손에 세워서 쥔 채 이야기하지 않는다.

④ 포크는 날이 아래를 향하게 놓고, 나이프는 칼날이 안쪽을 향하게 놓는다.

⑤ 바닥에 떨어진 나이프와 포크는 절대 줍지 않는다.

⑥ 식사 중 나이프 날은 안쪽을 향하게 하고, 포크는 뒤집어서 '八'자로 놓는다.

⑦ 식사가 끝나면 나이프는 날이 안쪽을 향하게 하고, 포크는 오목한 부분이 위를 향하게 하여 4시나 정각 3시 방향으로 해서 나이프와 포크를 나란히 둔다.

냅킨 사용법

① 냅킨은 반으로 접어 접힌 쪽이 몸쪽을 향하게 하여 무릎 위에 놓는다.

② 입 주위나 손끝을 닦을 때는 반으로 접힌 냅킨의 위쪽 끝부분으로 닦는다.

③ 식사 중에는 냅킨을 테이블 위에 올려놓지 않는다.

④ 식사 도중 자리에서 일어날 때는 냅킨을 의자 위에 놓는다.

⑤ 식사가 끝나면 냅킨을 테이블 위에 올려놓는다. 냅킨은 반으로 접어 접힌 쪽이 몸쪽을 향하게 하여 놓는다.

 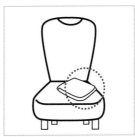 

식사 후 매너

① 접시 위의 음식은 깨끗이 비우는 것이 초대해 준 사람에 대한 예의이다.

② 다 먹은 접시를 옆으로 치워 차곡차곡 쌓아놓으면 안 된다. 특히 앞 사람이 식사를 다 끝내지도 않았는데 접시를 옆으로 치우는 것은 꿩

장한 실례이다. 단 한 사람이라도 식사가 끝나지 않았다면 빈 접시를 치우지 않고 기다려야 한다.

③ 식사가 끝난 후 물로 입을 가글하면 안 된다. 이쑤시개도 아주 조심스레 사용해야 한다.

④ 이쑤시개는 될 수 있으면 남이 보지 않는 곳에서 사용하고 불가피한 경우 손등으로 입을 가린다.

⑤ 테이블에서 화장을 고치면 안 되고 화장실이나 파우더 룸을 이용한다.

⑥ 식사 후 트림을 하는 경우가 있는데 이는 예의에 어긋난다.

Chapter 6

컬러 이미지메이킹

컬러 이미지메이킹

1. 색의 개념과 이해

색은 빛이 사물에 비쳐서 생기는 물리적 자극 요소인 주파장, 시감반사율, 순도에 의해 사람의 눈을 자극함으로써 생기는 지각현상이다. 물체의 색은 무채색과 유채색으로 나뉘며 무채색은 흰색, 검은색, 회색의 중립적인 색이다. 무채색은 명도는 있으나 색상, 채도의 속성은 없다.

반면, 유채색은 무채색을 제외한 색감을 가진 모든 색을 의미한다. 색은 빛의 파장에 대한 눈의 반응으로 색상, 명도, 채도의 속성을 가진다.

다양한 색에 대한 견해	
물리학적 견해	광원, 반사광, 투광광 등의 에너지. 분포양상과 자극 정도
생물학적 견해	눈의 망막에 의한 생리학적 작용에 바탕
화학적 견해	안료나 염료 등의 질료에 의한 것
심리학적 견해	인간 정신기제의 작용에 영향을 줌
미학적 견해	조형 연구와 깊이 관련된 색

색의 3속성 : 색상, 명도, 채도

색은 색상, 명도, 채도라는 3가지 중요한 속성을 가지고 있으며, 이 3가지 속성을 기준으로 색을 보다 정확하게 지정할 수 있다.

색상

사람의 눈으로 구별할 수 있는 색은 약 200만 개라고 한다. 색은 빨강, 파랑, 초록 등과 같이 다른 색과 구별되는 특성을 갖고 있으며 무채색과 유채색으로 나뉜다. 무채색은 흰색, 검은색, 회색으로 명도만 있고 유채색은 무채색을 제외한 모든 색을 의미한다.

Munsell 20 색상환

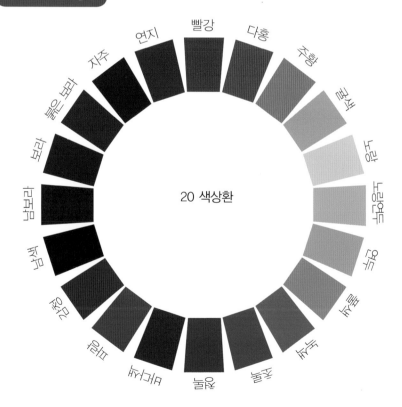

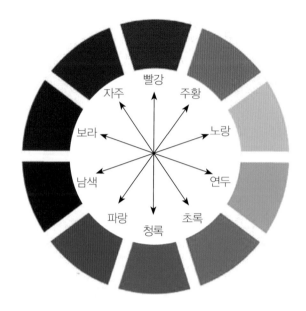

유채색의 기본 이름

빨강, 주황, 노랑, 연두, 초록, 청록, 파랑, 남색, 보라, 자주 + 갈색, 분홍(12가지: 색상, 명도, 채도 有)

무채색의 기본 이름

흰색, 회색, 검은색(3가지: 명도 有)

색의 3원색

빨강, 파랑, 노랑, 정확히 말하면, 자홍색(Magenta, 마젠타), 청록(Cyan, 사이안), 노랑(Yellow, 옐로)이다.

참고로 빛의 3원색은 빨강, 초록, 파랑이다.

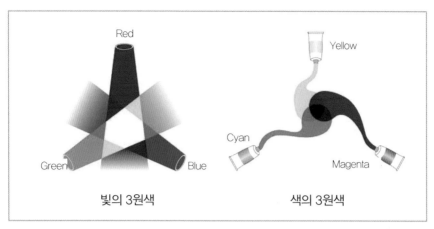

출처 : 네이버 지식백과

명도

색의 밝고 어두운 정도를 나타내는 것으로 빛을 모두 흡수하면 검정, 모두 반사하면 흰색으로 보인다. 사람은 약 500단계의 명도를 구별할 수 있다.

채도

색의 순수하고 선명한 정도를 말하는 채도는 유채색에만 존재한다. 어떤 색도 섞이지 않은 순도, 즉 순수함을 나타내는 정도로 색의 맑음과 탁함을 의미한다. 보통 순수한 색을 두고 채도가 '높다'고 말하며 채도가 가장 높은 색을 순색이라고 한다. 채도가 높으면 선명하게 보이고 채도가 낮으면 탁하게 보인다.

2. 색채의 감정

빨강, 주황, 노랑과 같이 따뜻해 보이는 색을 '난색'이라 하고 파랑, 남색과 같이 시원해 보이는 색을 '한색'이라 한다.

난색계는 활동적인 느낌을 주고 한색계는 차분한 느낌을 준다. 패스트푸드점이나 상업적 공간은 보통 난색계를 인테리어에 활용한다. 체감되는 온도는 약 1.5~3℃가량 높고 시간은 늦게 가는 것처럼 느껴진다. 공항이나 병원, 대기실의 인테리어 색으로 많이 활용하는 한색계는 체감되는 온도가 낮고 시간은 빨리 가는 것처럼 느껴진다.

연두색, 초록색, 보라색, 자주색 등은 중간 온도의 느낌인데 이러한 색을 '중성색'이라 한다.

색채의 흥분과 침정	색채의 중량감
색상과 채도의 영향이 크다.	고명도의 색 가벼움
장파장 계열 고채도 흥분	저명도의 색 무거움
단파장 계열 저채도 차분	명도와 가장 관계가 깊다.

색채의 팽창과 수축	색채의 경연함(부드럽고 딱딱한 정도)
색상, 명도와 관계가 큼	채도가 높을수록 딱딱한 느낌
난색 계열, 고명도 팽창	채도가 낮을수록 부드러운 느낌
한색 계열, 저명도 수축	채도와 관계가 크다.

정보인지에 대한 오감각(五感覺)

미국 컬러리서치연구소(CR)의 연구에 따르면 소비자의 상품 선택은 초기 90초에 잠재적으로 결정되는데 이때 상품이 좋고 싫다는 판단의 60~90%가 컬러에 의해 좌우되었다고 한다.

3. 색의 이미지와 코디네이션

색	이미지
빨강	• 가장 강한 채도와 자극성이 있는 색 • 열정, 젊음, 생동감 있는 이미지 연출에 효과적 • 검정, 네이비, 회색, 베이지와 조화를 이루며 드레스, 블라우스, 재킷에는 효과적이나 투피스나 상하 슈트에는 너무 강렬한 인상을 줄 수 있음 • 진취적인 리더의 이미지 연출에 도움 • 콘퍼런스 참석 및 다수와의 비즈니스에도 효과적 • 사교적인 모임에서 붉은 계열의 의상은 상대에게 권위적, 공격적인 인상을 줄 수 있으므로 배색을 잘해서 연출해야 함
분홍	• 직관, 낭만, 사랑스러움, 차분함과 위로를 상징하는 색 • 젊음과 발랄함을 강조하고 싶을 때 연출하면 효과적 • 부드럽고 환한 이미지 연출에 도움이 되기 때문에 경사나 유쾌한 모임 시에 연출하면 좋음
초록	• 안전과 보호, 휴식과 자연을 상징하는 색 • 휴식, 공평, 평화, 소박, 생명, 젊음 등을 연상시키는 이미지의 컬러 • 베이지와 아이보리 등의 자연주의 색과 잘 어울리며 하얀색 옷과 매치하면 깔끔한 이미지를 연출할 수 있다. • 편안하고 여유롭고 시원시원한 이미지를 연출하기 좋은 색
노랑	• 고명도와 고채도로 가장 명시성이 높기 때문에 경계색으로 많이 사용 • 서양에서는 질투, 비겁, 편견 등의 부정적 의미 • 동양에서는 왕의 권위를 상징 • 젊음과 생기 넘침, 명랑함을 연출하기 좋은 색 • 맑은 노랑은 차가운 느낌, 황금색은 따뜻한 느낌의 이미지로 연출 • 친근함과 화합의 이미지 연출에 효과적이기 때문에 첫 대면, 첫 모임에 효과적임
보라	• 귀족의 색상으로 고급스럽고 우아한 분위기 연출이 가능한 색 • 신비, 영원, 환상, 예술, 고귀 등의 의미를 지니고 있으며 동시에 우울, 병적인 이미지도 갖고 있다. • 회색 계열, 분홍색과 잘 어울리며 보색인 노랑과도 잘 매치된다.
파랑	• 긴장감과 불안감을 차분하게 가라앉히는 데 도움을 주는 색 • 믿음과 신뢰를 의미하는 반면 냉정, 우울을 상징 • 남녀 모두에게 잘 어울리고 기업인이나 정치인들이 자주 활용 • 스마트하고 신뢰감을 주는 이미지를 연출할 때 효과적
베이지	• 남녀노소 다양하게 입을 수 있는 컬러 • 온화하고 유연한 이미지 연출에 활용 • 셔츠, 블라우스, 드레스, 슈트 등으로 무난하게 사용 • 검정, 갈색, 청색, 빨강과 잘 어울림

검정	• 죽음, 엄숙, 어둠, 밤을 나타내는 이미지
	• 과거에는 애도의 의미로 착용. 요즘은 권위적이고 세련된 이미지 연출로 활용
	• 뚱뚱한 체형을 날씬해 보이게 하므로 결점 보완에 효과적인 컬러
회색	• 우울, 침울함, 침착, 차분함을 나타내는 이미지
	• 짙은 회색은 고급스러움, 경제적·사회적 기품 발산 연출에 용이하며 강한 느낌 어필 가능
	• 옅은 회색은 온화한 이미지로 안정감과 신뢰감을 줄 수 있다. 은행원, 영업사원 유니폼으로 적합한 색
	• 무채색과 코디하면 도회적, 세련된 이미지 연출 가능
	• 중립성향을 표현할 때 회색 계열의 옷을 입어도 도움이 됨
	• 빨강, 분홍, 파랑과 코디하면 활기찬 이미지 연출 가능
흰색	• 순결, 순수한 이미지
	• 무구, 청결, 깨끗함, 출발, 전진, 이별, 긴장, 감정을 지워버린 상태
	• 맑고 깨끗하며 순수한 느낌으로 웨딩드레스와 눈 등을 연상시킴

4. Tone(톤)의 이미지와 코디네이션

톤은 명도와 채도를 혼합한 개념으로 색의 인상을 말한다. 순색에 명도와 채도를 합쳐서 흰색이 더해진 밝은 정도와 회색이 더해진 탁한 정도, 검정이 더해진 어두운 정도로 표현할 수 있다.

Vivid tone

채도가 높고 선명한 원색으로 색을 통한 대담한 표현과 강한 인상을 줄수 있다. 자극적인 메시지 전달에 효과적이며 활동적이고 화려한 이미지를 갖고 있다. 스포티브, 액티브, 캐주얼 이미지 활용에 적합하며 자기 주장을 강하게 나타내는 데 효과적이다.

Strong tone

비비드 톤에 비해 한 톤 다운된 선명한 고채도의 색으로 강렬하고 다이내믹한 이미지 활용에 적합하다.

Bright tone

비비드에 흰색을 2배 섞은 색으로 톤 중에서 가장 깨끗하고 맑은 색이다. 밝은 이미지 연출에 적당하고 신선한 이미지, 캐주얼한 이미지 활용에 적합하다.

Pale tone

비비드에 10배 흰색을 섞은 색으로 색은 약해지고 가벼운 이미지는 강하다. 시각적으로 매우 부드럽고 섬세한 느낌을 주며 세련되고 로맨틱하거나 유아복 이미지 연출에 사용하기 적합하다.

Light tone

비비드에 6배의 흰색을 섞은 색으로 밝고 가벼우며 부드러운 이미지의 톤이다. 온화한 색으로 페미닌 이미지 연출에 적합하다.

Very pale tone

흰색이 주를 이루는 가장 밝은색으로 비비드에 10배의 흰색을 섞은 색으로 연하고 깨끗한 이미지 연출에 적합하다. 색 자체가 아주 연하기 때문에 보색이나 반대색으로 연출해도 거부감과 강한 느낌이 없으며 고급스러운 배색효과를 얻을 수 있다.

Deep tone

비비드에 검은색을 약간 섞은 색으로 진하고 깊이가 있으며 고급스럽고 원숙한 이미지 연출에 도움을 준다. 검은색이 혼합되었어도 맑은 색으로 자극이 강한 비비드 톤의 명도를 낮춰주기 때문에 어둡지만 맑은 느낌이다. 다만 비비드 톤과 같이 활동적인 분위기는 없다. 깊고 진한 색으로 강한 이미지나 충실하고 중후한, 클래식한 이미지 연출에 효과적이다.

Dull tone

비비드 톤에 회색이 섞인 중간 밝기의 탁색이다. 탁색은 비비드 톤이 갖는 순수성을 둔하게 만든다. 화려함이 없고 소박한 느낌이 있으며 고유의 색이 강하게 느껴지지 않아 여러 가지 색의 배색에도 효과적이다. 다소 둔탁하고 칙칙한 느낌과 더불어 단단함, 남성적, 점잖고 안정감 있는 연출에 효과적이다.

Light grayish tone

비비드 톤에 밝은 회색을 섞은 색으로 흐릿하고 차분한 이미지와 동시에 우아하고 세련된 이미지를 표현하기에 적합하다. 도시적인 이미지를 갖고 있으며 모던 엘리건트 이미지에 사용한다.

Grayish tone

중간 회색과 약간의 비비드 톤이 섞인 탁한 색으로 명도가 낮고 색상의 기미가 거의 없다. 색이 약하며 칙칙하고 어두워 보이지만 깊이감과 엄숙한 느낌으로 차분함과 고상한 이미지 연출에 적합하다.

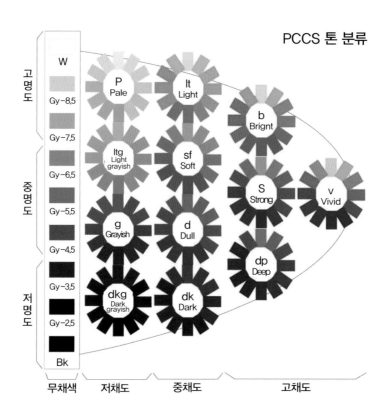

PCCS 톤 분류

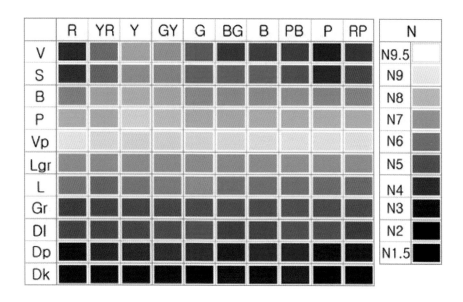

색상(HUE) 색조(TONE) 120 색체계에서 사용되는 약자

	색상(HUE)		색조(TONE)
R	Red	V	Vivid
YR	Yellow Red	S	Strong
Y	Yellow	B	Bright
GY	Green Yellow	P	Pale
G	Green	Vp	Very pale
BG	Blue Green	Lgr	Light grayish
B	Blue	L	Light
PB	Purple Blue	Gr	Grayish
P	Purple	Dl	Dull
RP	Red Purple	Dp	Deep
		Dk	Dark

5. 배색 이미지 공간

비슷한 느낌의 색을 최소의 기본 단위인 3색 배색으로 묶어 각각의 묶음에 형용사(키워드)를 부여한 후 몇 개의 카테고리를 만들었다. 각 카테고리별 배색이 가진 이미지의 차이에 따라 부드러운, 딱딱한, 동적인, 정적인 심리 판단을 기본축으로 하는 공간에 위치시켜 한눈에 파악할 수 있도록 한 컬러 공간이다.

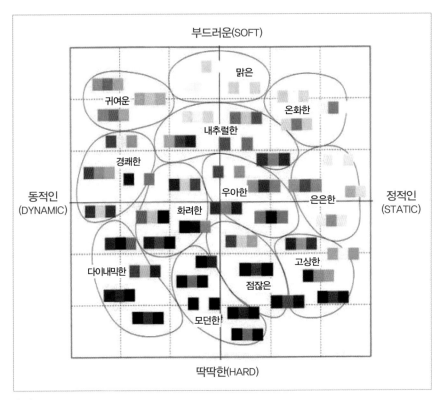

출처 : The Color for designer

Chapter 7

퍼스널 컬러

Chapter 7

퍼스널 컬러

1. 퍼스널 컬러(personal color)의 이해

개인의 신체색과 조화를 이루어 자신을 돋보이게 하는 컬러를 퍼스널 컬러라고 한다. 쉽게 말해 나에게 가장 잘 어울리는 컬러라고 생각하면 되겠다.

퍼스널 컬러 시스템(personal color system)

개개인 신체 고유의 색상(피부색, 머리카락색, 눈동자색)과의 조화를 이루는 색채를 분석하여 자신에게 어울리는 색에 따라 메이크업, 헤어, 의상 등의 컬러 이미지를 연출하는 시스템이다.

퍼스널 컬러의 효과

① 피부의 단점이 보완되어 맑고 화사한 피부 표현이 가능
② 개인에게 가장 돋보이는 스타일링 가능
③ 긍정적인 이미지메이킹으로 외모를 비롯 패션에 대한 자신감 상승

④ 소비패턴이 명확해지면서 효율적인 쇼핑이 가능, 무분별한 지출 감소

어울리지 않는 색으로 이미지메이킹을 한다면?

① 얼굴이 칙칙하고 어두워 보임

② 얼굴의 붉은색이나 노란기가 더 증가되어 보임

③ 얼굴의 각이 더 두드러져 보임

④ 얼굴의 형태가 평면적으로 보임

⑤ 잡티, 기미, 주근깨, 여드름, 다크서클 등이 짙어 보임

⑥ 주름이 더 잘 보이고 전체적으로 얼굴이 그늘져 보임

퍼스널 컬러 진단요소

피부 색상의 3가지 기초 색소

① 헤모글로빈(Hemoglobin) : 푸르거나 핑크계 색조 → 붉은색

② 카로틴(Carotene) : 황금색조와 복숭앗빛 색조 → 노란색

③ 멜라닌(Melanin) : 양과 분포에 따라 피부색에 밝고 어두움의 차이가
   생김 → 흑갈색

2. 퍼스널 컬러 진단

퍼스널 컬러 진단과정

① 1진단 : 라이프 스타일 분석

- 나이, 직업, 건강, 패션스타일, 선호 색상 등 개인적 성향 분석

② 2차 진단 : 신체 색상 분석

- 피부색, 눈동자색, 머리카락색, 두피색, 팔목 안쪽 부분 색 등을 측정

③ 3차 진단 : 퍼스널 컬러 진단

- Warm / Cool 진단
- 사계절 유형 진단
- 피부톤 분석
- Best color / Worst color 찾기

퍼스널 컬러를 진단한다면 일단 건강상태가 양호한 날에 메이크업을 하지 않은 상태로 임하는 게 좋다. 오전 11시에서 오후 2시까지가 가장 적당하며 자연광이나 95W~100W로 자연광과 비슷한 인공조명에서 하는 게 진단의 오류를 줄일 수 있다.

이때 먼저 신체 색상을 육안으로 진단한 후 컬러 드레이핑 진단 천에 의해 웜과 쿨 톤으로 구분한다. 그리고 난 뒤 사계절 유형 분석으로 들어가는데 이때 색상별로 유형을 구분한 파트별 컬러 진단 천을 사용한다.

퍼스널 컬러 셀프 체크

A	B
피부가 햇볕에 쉽게 탄다.	햇볕에 오래 있으면 빨갛게 익는다.
금색 액세서리가 잘 어울린다.	은색 액세서리가 잘 어울린다.
코럴, 오렌지 및 따뜻한 레드 립스틱이 잘 어울린다.	핑크, 버건디 및 차가운 느낌의 레드 립스틱이 어울린다.
머리카락색과 눈동자 색이 갈색에 가깝다.	머리카락색과 눈동자 색이 짙은 갈색이나 검정에 가깝다.
매니큐어나 섀도 컬러는 브라운, 오렌지, 베이지, 그린이 더 잘 어울리고 예뻐 보인다.	매니큐어나 섀도 컬러는 버건디, 핑크, 퍼플, 그레이가 더 잘 어울리고 예뻐 보인다.
피부에 노란기가 많다.	피부에 붉은 기가 많다.
베이지와 아이보리 셔츠가 더 잘 어울린다.	순백색 셔츠가 더 잘 어울린다.

⊙**결과**

A측이 많이 나왔다면 Warm Tone

B측이 더 많이 나왔다면 Cool Tone

3. 사계절 컬러 이미지메이킹

사계절 컬러란, 계절의 컬러 이미지에 비유하여 신체 색을 분류하는 것을 말한다. (독일의 요하네스 이텐에 의해 시작됨) 이것은 웜톤과 쿨톤으로 나누는데 먼저 웜톤은 봄과 가을로 나뉜다.

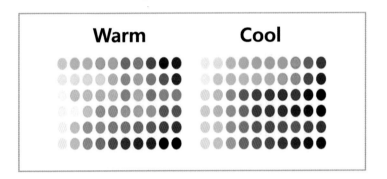

쿨톤은 여름과 겨울로 나누는데 따뜻하고 부드러운 느낌을 가진 사람은 봄, 따뜻하지만 짙은 느낌을 가진 사람은 가을로 구분한다. 차갑고 부드러운 느낌의 사람은 여름, 차갑고 강한 느낌을 가진 사람은 겨울로 구분한다.

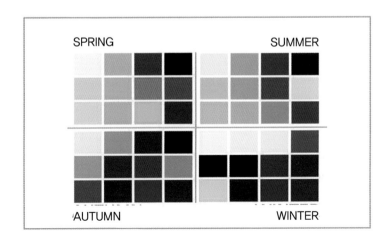

- Yellow Base(봄, 가을)의 기본 색은 Ivory, Brown – Warm Type
- Blue Base(여름, 겨울)의 기본 색은 White, Black – Cool Type

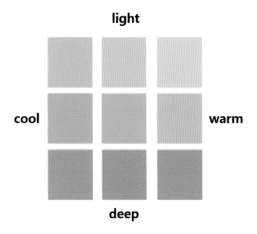

4. 계절별 컬러의 특징과 연출법

Spring(봄) : Yellow + Ivory → Warm Type

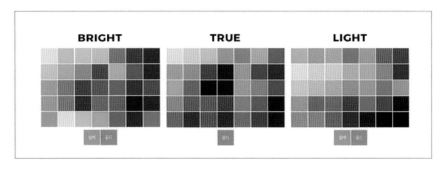

- 화사하고 선명한 느낌의 Warm Type은 봄으로 생기발랄하며 밝은 인상의 사람이 많다.
- 실제 나이보다 젊어 보이고 귀여운 스타일이 많다.
- 매끄러운 피부로 투명하며 피부가 얇아서 얼굴에 주근깨 같은 잡티가 생기기 쉽다.

- 두피색은 투명하며 엷은 노란빛을 띤다.
- 머리카락은 대체로 눈동자 색과 비슷한 밝은 갈색을 띤다.
- 모발이 가늘고 윤기가 있다.
- 봄의 대표적인 색은 모든 색에 노랑이 섞인 색으로 따뜻한 느낌을 준다.
- 봄의 색은 선명하고 부드러우며 명도와 채도가 높은 그룹으로 선택 색상의 범위가 넓다.
- 산뜻하고 맑은 느낌의 색, 형광색, 노란기 도는 회백 광택의 공단으로 만든 옷을 입으면 옷의 부드러운 질감과 따뜻한 빛이 얼굴에 반사되어 피부색에 잘 어울린다.
- 반면 검은색과 순백색을 입으면 엄격해 보이고 흰색이 많이 섞인 뿌연 느낌을 주는 색상을 입으면 생기 있고 선명한 봄 사람의 이미지가 사라진다.
- 푸른 기 도는 핑크색은 피하는 게 좋고 황금색 액세서리가 잘 어울리며 호박과 같은 보석과 노란빛에 광택 나는 액세서리들이 잘 어울린다.
- 사랑스럽고 귀여운 이미지를 살려서 피부를 투명하게 표현해 주는 게 중요하며 라이트 카멜, 오렌지, 피치, 애플그린 등의 색으로 아이 메이크업을 해주면 어울린다.
- 입술은 오렌지, 클리어 새먼, 피치, 라이트 브라운 등이 잘 어울린다.
- 밝은 갈색, 밝은 오렌지, 그린 계열의 색으로 염색하면 어울리고 컬이 많은 웨이브가 들어간 헤어스타일이 어울린다.

봄을 대표하는 연예인(수지, 한지민, 송혜교)

Summer(여름) : Blue + White + Gray → Cool Type

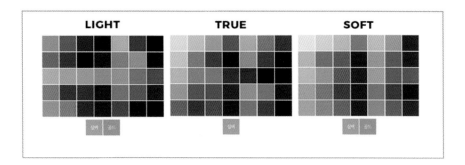

- 다소 차가우면서도 부드러운 느낌을 겸비한 이지적인 분위기
- 흔히 여성스러우며 아름답고 우아하며 기품이 있다.
- 복숭앗빛이나 핑크색이 도는 피부색으로 피부의 바탕색은 푸른 기가 느껴진다.
- 두피색은 엷은 복숭앗빛에서 핑크색까지 있다.
- 햇볕에 잘 타지 않고 곧바로 붉어졌다가 며칠 지나면 원래의 피부색으로 돌아온다.
- 얼굴이 빨리 빨개지기도 한다.
- 피부색이 어둡지만 핑크빛이 도는 사람에게는 진한 듯한 차가운 색의 파스텔 톤이 멋지게 어울린다.
- 머리카락은 윤기가 나지 않으며 가늘고 밝은 갈색을 많이 띤다.
- 푸른 기가 약간 도는 암갈색도 있다.
- 눈동자 색도 부드러운 갈색이어서 친절하고 부드럽게 느껴진다.
- 순백색, 검은색이 가장 어울리지 않으며 강한 원색 계열의 비비드 톤과 따뜻한 계열인 노란빛이 많이 도는 색, 오렌지색 계열의 옷도 어울리지 않는다.
- 아이보리색의 진주와 실버 액세서리가 가장 잘 어울린다.
- 펄이 들어가고 화사한 파스텔 톤의 로즈베리, 코코아, 로즈 브라운, 스카이 블루, 코발트 그린, 베이비 핑크 등의 눈 화장이 어울린다.

- 입술도 눈 화장에 사용한 컬러와 같은 계열의 색을 사용하면 더욱 매력적이다.
- 자연갈색, 회갈색, 와인색, 블루 계열 등으로 염색하면 좋고 특히 머리카락색이 너무 검은 경우에는 부드러운 갈색으로 염색하면 이미지가 훨씬 부드럽고 좋아진다.
- 스트레이트의 헤어스타일이 어울린다.

여름을 대표하는 연예인(김연아, 이영애, 한가인)

Autumn(가을) : Yellow + Brown + Gray → Warm Type

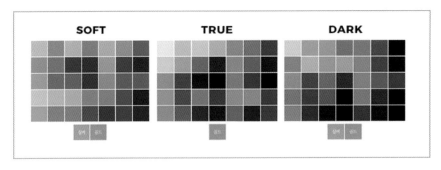

- 부드러우며 따뜻하고 고급스러운 이미지로 상대방에게 친근함과 편안함을 준다.
- 지적이고 성숙한 느낌으로 침착하고 자연스러우며 어른스러운 분위기가 있다.
- 피부색에서 따뜻한 느낌을 주고 윤기가 없이 피부가 푸석푸석하다.

- 두피색은 탁한 노란빛을 띠고 햇볕에 잘 타며 얼굴 혈색이 좋지 않다.
- 볼에 붉은기가 별로 없고 아프면 어두운 녹색빛이 난다.
- 머리카락은 윤기가 없고 어두운 암갈색의 푸석푸석한 느낌을 준다.
- 대체로 눈동자는 암갈색으로 깊고 포근한 느낌을 준다.
- 순백색과 검은색을 입으면 초라해 보이고 공단천과 같은 너무 강하고 광택 나는 옷감은 피하는 게 좋다.
- 피부는 베이지 계열로 내추럴하게 표현해야 하고 섀도와 립스틱은 차분하고 풍성한 색감으로 표현해 주면 좋다.
- 골드를 베이스로 한 스모키 메이크업이나 클래식한 메이크업이 매우 잘 어울린다.
- 차가운 색의 푸른 톤과 와인색, 보라색, 회색톤도 피한다. 금, 동의 액세서리가 잘 어울리고 가죽, 나무 등과 같이 자연 재료로 만든 액세서리도 무난하다.
- 검은색과 와인색 염색을 하면 부드럽고 차분한 이미지와 맞지 않기 때문에 피하는 게 좋다.
- 짙은 갈색, 카키 계열, 브론즈 계열의 염색이 어울리며 컬이 큰 웨이브가 들어간 헤어스타일이 자연스럽고 여성성을 강조할 때 효과적이다.

가을을 대표하는 연예인(이효리, 한예슬, 신세경)

Winter(겨울) : Blue + Black + Gray → Cool Type

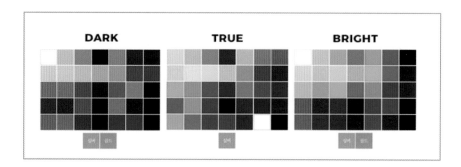

- 도시적이며 개성 있고 시원스럽고 차가운 듯하며 섹시하다는 표현이 어울린다.
- 강렬한 이미지의 사람이 많으며 화려함과 날카로움을 겸비한 사람도 많다.
- 푸른 기가 도는 피부로 윤기가 많고 투명하며 누런기도 있다.
- 두피색에도 푸른 기가 있으며 햇볕에 비교적 잘 타고 원래 색으로 돌아오는 데도 오랜 시간이 걸린다.
- 피부에 기미, 주근깨도 잘 생기며 햇볕에 타면 황동색으로 변한다.
- 머리카락은 윤기가 있고 암갈색이다.
- 사계절 이미지 중 나이가 들면서 머리가 희어질 때 가장 멋지게 센다.
- 눈동자는 암갈색, 푸른빛이 도는 검은색이다. 눈의 흰자위는 푸른 기가 있는 회색이다.
- 전체적으로 차갑고 강렬한 이미지의 눈빛을 갖고 있다.
- 순백색과 검은색이 가장 잘 어울린다.
- 명도가 낮은 청색, 회색 계열의 옷을 활용하면 차분하고 세련된 이미지를 잘 소화해 낼 수 있다.
- 비비드한 컬러인 레드, 네이비, 옐로 등의 옷은 다이내믹한 이미지 연출로 이 또한 잘 소화해낼 수 있다.

- 다이아몬드와 은, 주석 또는 진주로 만든 모던하고 심플한 스타일로 크기가 큰 액세서리도 잘 어울린다.
- 딥레드, 마젠타, 버건디, 퍼플 등의 립 컬러가 매우 잘 어울린다.
- 실버 그레이, 차콜 그레이, 로열 블루, 딥레드 등의 눈 화장이 잘 어울리며 또렷한 인상 표현에도 효과적이다.
- 특히 차가운 색 계열인 와인색의 염색이 잘 어울린다. 짙은 갈색, 검은색, 블루 블랙, 와인 계열, 보라 계열, 회갈색의 염색이 어울린다.

겨울을 대표하는 연예인(김혜수, 이나영, 김옥빈)

Chapter

8

뷰티 이미지메이킹_메이크업

뷰티 이미지메이킹 메이크업

1. 메이크업의 중요성

메이크업(Make-up)은 얼굴의 장점을 살리고 동시에 결점을 보완해서 외모를 아름답게 하면서 자기 표현은 물론 자신감 향상에 목적이 있다. 뿐만 아니라 자외선이나 먼지 등 외부로부터 피부를 보호하는 역할을 한다. 오늘날 메이크업은 남녀를 불문하고 각자의 개성 표현과 상황 연출을 위해 다양하게 활용되고 있다. 메이크업의 기능은 크게 물리적 기능과 심리적 기능, 그리고 사회적 기능으로 정리할 수 있다.

메이크업의 기능	
물리적 기능	결점 보완을 통해 외적 아름다움의 표현 및 상승
심리적 기능	성격, 가치관, 사고방식, 심리상태 등을 표현
사회적 기능	매너, 사회적 관습, 신분 및 직업 표현

2. 피부 유형과 기초 스킨 케어

피부 타입	특성	관리법
건성 피부 (Dry Skin)	• 피부 표면의 피지 분비 감소로 피부 표면이 거칠고 건조하다. • 세안 후 피부가 건조해 많이 당긴다. • 잔주름이 쉽게 생긴다. • 피부 노화가 빠르게 나타난다.	• 보습에 중점을 두고 관리한다. • 주름 예방을 위해 재생크림이나 영양 크림으로 관리한다. • 장시간 사우나는 금물이다.
지성 피부 (Oily Skin)	• 피부 표면의 과도한 피지 분비로 모공이 넓고 각질이 많다. • 여드름 같은 트러블이 잦다. • 모공이 넓어 메이크업이 잘 안 된다.	• 피부 청결에 주의한다. • 팁 클린징과 이중 세안이 필요하다. • 알코올 함유 토너를 사용한다. • 유분함량이 높은 제품은 지양한다.
민감성 피부 (Sensitive Skin)	• 외부 자극에 쉽게 반응하는 피부이다. • 온도, 습도 등의 환경적 변화와 이물질 등의 자극에 민감하다. • 유전적 요인과 후천적 요인이 있다. • 가려움증, 홍반, 피부염을 동반한다.	• 무색, 무취, 무알코올 등 피부 자극이 적은 제품을 사용한다. • 화장 도구를 청결하게 사용한다. • 피부를 항상 청결하게 관리한다. • 외부환경으로부터 피부 노출을 최소화한다.
복합성 피부 (Combination Skin)	• 두 가지 이상의 피부타입을 보인다. • 얼굴 부위별로 피부 유형이 다르다. • T존 부위는 피지 분비가 많고 볼 부분은 적다. • 외부 환경과 호르몬 분비 이상으로 결정된다.	• 건조한 U존은 유수분 기초 관리에 신경쓴다. • 유분이 많은 T존은 청결 유지와 피지 제거를 위해 알코올 함유 화장수로 관리한다. • 피부 트러블이 많은 복합성은 일주일에 2번가량 팩을 통해 피부 진정 관리를 한다.
여드름성 피부 (Acne Skin)	• 모낭에 있는 피지선의 피지가 모공 안에 쌓여 있는 피부이다. • 유전적 요소, 호르몬 영향이나 스트레스 등으로 인해 발생한다.	• 여드름용 클렌저로 세안을 철저히 한다. • 주 2회가량 딥클렌징으로 모공 속 노폐물을 정리한다.

3. 기초 및 색조 메이크업

메이크업 순서

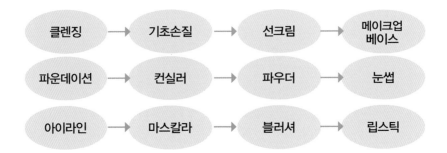

선천적으로 타고난 좋은 피부라 해도 단계에 따른 화장을 하지 않으면 시간이 지남에 따라 얼굴의 혈색이 좋지 않게 되고 전체적으로 화장이 무너지게 된다. 깨끗하고 건강한 피부상태를 위해 먼저 클린징부터 신경써야 한다.

베이스 메이크업(Base make-up)

베이스 메이크업은 피부톤을 조절해 주고 파운데이션의 밀착과 지속력을 높여주는 바탕 화장이다. 피부색 보완이 가능한 컬러의 제품을 선택해 소량을 손이나 도구를 사용해 피부결에 따라 잘 펴바른다.

피부색에 따른 메이크업 베이스 선택

피부색	베이스 색
혈색이 없고 창백한 피부	핑크 베이스 제품
어둡고 칙칙한 피부	화이트 펄 베이스 제품
노란빛의 피부	퍼플 베이스 제품

여드름 자국이 있거나 붉은 피부	그린 베이스 제품
햇볕에 많이 그을린 피부	오렌지 베이스 제품

출처: 이니스프리

파운데이션(Foundation)

파운데이션은 외부자극으로부터 피부를 보호하는 역할도 있고, 동시에 피부톤과 결을 매끈하게 표현해 주는 피부 결점 커버에 도움을 준다.

파운데이션의 종류

Type	특징
리퀴드 타입 (Liquid Type)	액상 타입으로 적당한 수분감과 커버력이 있음 자연스럽고 투명한 피부 표현이 가능
크림 타입 (Cream Type)	지성피부보다는 건성피부에 적합 뛰어난 커버력이 필요할 때 사용

쿠션 타입(Cushion Type)	퍼프를 이용해 파운데이션을 얼굴에 톡톡 두드려 바르는 제품
스틱 타입(Stick Type)	과거에는 컨실러(Concealer)의 용도로 기미, 주근깨, 여드름 자국 등의 커버 용도로 사용되었으나(두꺼워 보이는 게 단점) 요즘은 여러 타입의 스틱 파운데이션이 판매되고 있음

베이스 피부표현 요령

베이스 컬러 Base Color	피부색에 가까운 색 선택
셰이딩 컬러 Shading Color	피부색보다 1~2톤 어두운 색 선택
하이라이트 컬러 Highlight Color	피부색보다 1~2톤 밝은색 선택

파우더(Powder)

베이스 메이크업 마무리 단계로 파운데이션의 유분기를 조절하여 화장을 오래 지속시켜 주는 역할을 한다.

파우더의 사용 순서

파우더 사용 도구

 퍼프나 브러시를 이용해 발라준다. 피부가 건조한 사람은 파우더 과정을 생략하기도 한다.

파우더 색상의 효과

파우더 색상	연출 효과
핑크	피부에 생기가 있어 보이는 효과. 동안 메이크업에 많이 사용한다.
베이지	자연스럽고 부드러운 효과. 투명 메이크업에 많이 사용한다.
그린	노란빛의 피부톤을 밝고 화사하게 연출한다.
퍼플	마무리 단계에서도 피부톤이 칙칙해 보이면 한 번 더 피부톤을 밝게 연출한다.
오렌지	선탠한 피부를 자연스럽게 표현한다.
펄	화려한 이미지를 연출할 수 있다.

색조 메이크업

아이 메이크업(Eye make-up) - 눈썹(Eyebrow)
 눈썹은 전반적인 얼굴의 균형을 잡아주면서 한 사람의 인상을 좌우하는 중요한 역할을 한다. 눈썹을 어떻게 그리는가에 따라 그 사람의 인상을 바꿀 수도 있다. 눈썹을 그릴 때는 얼굴형에 맞게 그리고 색상은 헤어 컬러와 눈동자의 컬러에 맞춰 선택해야 자연스럽다.

눈썹 모양의 종류와 이미지

눈썹 모양	이미지
각진 눈썹	박력, 활동적, 날카로움
아치형 눈썹	부드러움, 섬세함, 온화함
긴 눈썹	고상함, 점잖음
짧은 눈썹	경쾌함, 밝음, 허구
올라간 눈썹	개성이 강함, 차가움
짙은 눈썹	힘, 야성, 용맹, 무지, 천박
흐린 눈썹	병약, 피동적, 온화
가는 눈썹	섬세함, 성숙함, 연약함, 날카로움, 불안, 허영, 세련미
미간이 넓은 눈썹	너그러움, 온화함, 멍청함, 어리석음, 낙천적
미간이 좁은 눈썹	인색, 답답, 옹색, 긴장, 성급, 신경질적
눈과 눈썹 사이가 먼 눈썹	인내, 강한 의지

립 메이크업(Lip make-up)

얼굴 전체의 포인트 역할을 해주는 립 메이크업은 무엇보다도 중요한 단계의 메이크업이다. 표정연출의 중요한 부분이기도 하고 말을 하기 때문에 움직임이 많기도 해서 깔끔한 표현이 중요하다. 립 메이크업을 시작하기 전에 고려해야 할 것은 비단 그날의 의상 콘셉트와 색상뿐만이 아니다. 본인의 피부색, 머리카락 색, 아이섀도의 색 등을 고려해서 색상을 골라야 한다. 그래야만 자연스럽고 안정적으로 보인다.

립스틱 바르는 방법

① 파운데이션이나 립 컨실러로 입술색과 라인을 지워준다.
② 입술 중앙을 먼저 위와 아래에 선을 잡아준다
③ 입술 양끝에서 입술 산을 향해 그려준다.
④ 아랫입술도 양끝에서 입술 중앙을 향해 그려준 후 블렌딩한다.

4. 계절 변화에 어울리는 메이크업 연출법

봄

① 봄 메이크업은 싱그러움과 생동감이다.

② 한 부분을 강조하기보다는 전반적인 자연스러움이 필요하다.

③ 라이트 옐로, 오렌지 레드, 옐로 그린이 가장 잘 어울린다.

④ 눈썹은 갈색과 회색을 섞어 눈썹숱이 없는 부분을 중심으로 그려주되 선을 강조하지 않는다.

⑤ 눈은 엷은 베이지 컬러를 눈두덩이에 펴바르고 오렌지 레드나 옐로 그린 색상으로 그라데이션한다.

⑥ 볼은 연한 핑크나 오렌지색으로 은은하게 바른다.

⑦ 입술은 엷은 핑크 오렌지나 오렌지 색상을 발라줄 때 산뜻한 느낌을 주고 가장 예쁘다.

여름

① 짙은 메이크업은 더운 느낌을 주므로 피부색을 투명하고 시원하게 연출하는 것이 중요하다.

② 눈썹은 지나친 유행을 따르는 것보다 살짝 각이 지게 처리하여 시원하게 보여준다.

③ 아이섀도는 화이트 계열이나 블루 계열의 색상을 사용하여 시원하게 연출한다.

④ 마스칼라도 블루 컬러로 자연스럽게 발라줘도 좋다.

⑤ 블러셔는 하지 않아도 무방하나 연한 핑크로 처리해도 좋다.

⑥ 입술은 누드 계열이나 레드, 핑크, 베이지 색상을 발라주면 자연스럽다.

가을

① 가을은 성숙하고 풍요로운 계절인 만큼 눈매를 깊이 있게 표현하는 게 좋다.

② 톤의 강약 조절을 통해 생동감을 부여한다.

③ 피부는 베이지 계열로 약간 어둡게 표현한다.

④ 눈썹은 브라운 펜슬로 어둡게 그려준다.

⑤ 눈은 베이지, 브라운 색상을 눈두덩이에 펴바르고 다크 브라운, 카키색 등으로 포인트를 준다.

⑥ 눈썹 뼈에 하이라이트를 주면 입체적인 얼굴이 되며 화려함을 더할 수 있다.

⑦ 아이라인을 조금 길게 빼서 그려주면 지적인 이미지 연출에 도움이 된다.

⑧ 볼은 브라운, 오렌지 색상으로 표현한다.

⑨ 입술은 베이지 계열이나 황금색, 어두운 주황색으로 생동감을 준다.

겨울

① 전체적으로 깨끗하고 심플한 느낌이 되도록 표현한다.

② 피부 표현은 건조하지 않도록 기초부터 신경을 써준다.

③ 눈썹은 펜슬로 확실하게 선을 처리한 뒤 갈색과 회색 섀도를 섞어 덧발라준 후 눈썹빗으로 쓸어준다.

④ 눈은 스킨 색상에 가까운 핑크나 브라운색을 눈두덩이에 펴바르고 눈 꼬리에 퍼플, 그레이, 다크 브라운 등으로 포인트를 준다.

⑤ 아이라이너와 마스카라는 검은색으로 깔끔하게 발라준다.

⑥ 볼은 핑크톤으로 볼 뼈 위에 자연스럽게 혈색을 더해준다.

⑦ 입술은 다크 브라운, 레드 와인 계열을 바른다.

5. 얼굴형에 따른 메이크업 연출법

얼굴형에 따른 컨투어링 방법

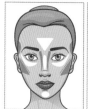 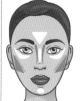 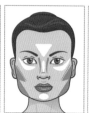  

| 광대 있는 하트형 | 달걀형 | 사각형 | 길고 각진형 | 둥근형 |

▮▮▮▮ 브론저
▬▬▬ 셰이딩
▬▬▬ 하이라이터

위치에 따라 다른 느낌의 치크 블러셔

[사랑스러운 동안 치크]
애플존에 둥글게 터치

[자연스러운 치크]
볼 부위를 전체적으로
감싸듯 터치

[세련되고 시크한 치크]
광대뼈에서 코끝을 향해
사선으로 터치

6. 남성 메이크업(Man's make-up)

과거 연예인이나 방송인 등의 특정 남성들만 하는 것으로 여겨졌던 메이크업이 요즘은 남성들의 경쟁력과 이미지 관리 차원에서 자연스럽고 당연하게 여겨지고 있다.

남성 메이크업은 기본적으로 화려한 색조보다는 대체로 피부 관리와 톤 정리, 눈썹과 립 관리 정도가 무난하다.

남성 메이크업 순서

스킨케어

남성의 피부는 근본적인 구조와 호르몬의 차이로 여성의 피부와는 다르기 때문에 남성 전용 화장품을 사용하는 것이 좋다. 특히 남성은 테스토스테론 호르몬 영향으로 피지선이 발달하여 여성보다 5배가량 피지 분비량이 많다.

때문에 남성의 경우 유분보다는 수분 케어에 더 신경을 써주는 것이 필요하다. 남성은 피부 표피층이 여성보다 약 5배가량 두껍기 때문에 여성 화장품을 사용하면 유효성분이 잘 흡수되지 않는다. 따라서 효과적인 피부 관리를 원한다면 남성 전용 화장품을 사용해야 한다.

세안

세안은 매일 아침, 저녁으로 2번씩 한다. 저녁 세안을 생략하면 낮에 활동하면서 피부에 붙은 먼지나 오염, 피지가 피부 트러블을 일으키기 때문에 꼭 세안을 통해 제거해야 한다.

토너와 로션

충분한 보습을 위해 세안 후 반드시 토너와 로션으로 유수분 벨런스를 맞춰줘야 한다.

마지막 단계에서 아이크림을 사용하되 데이용과 나이트용으로 구분해서 사용해야 한다.

자외선 차단제

선블록제품을 필수적으로 사용해서 피부 노화와 색소 침착을 예방해야 한다.

눈썹 관리

눈썹은 얼굴의 인상과 전체적인 이미지를 크게 좌우한다. 선명하고 매력적인 호감형 이미지를 위해 눈썹 관리를 해주는 것이 좋지만 너무 과하게 손질한 티가 나면 호감이 아닌 비호감이 될 수 있다. 따라서 손질은 했지만 티가 나지 않는 자연스러운 정돈 정도면 좋겠다. 특히 눈썹을 너무 유행에 따라 그리거나 얇게 정돈하면 자연스럽지 못하니 주의해야 한다.

Chapter 9

뷰티 이미지메이킹_향수

Chapter 9

뷰티 이미지메이킹_향수

1. 향수의 기원과 종류

향수의 기원

향수perfume의 어원은 라틴어 퍼푸뭄(perfumum)에서 나온 말로, 퍼(per : through)라는 의미와 푸뭄(fumum : smoke)이라는 의미의 합성어로 '무엇을 태우는 과정에서 열기를 통해 나오는 것' 정도로 해석된다. 인간이 향을 최초로 생활에 이용하게 된 것은 지금으로부터 4, 5천 년 전으로 거슬러 올라간다.

제단을 신성하게 여겨온 고대 사람들은 제단 앞에 나아갈 때 신체를 청결히 하고 향내가 풍기는 나뭇가지를 태우고 향나무 잎으로 즙을 내어 몸에 발랐다고 한다. 이것이 중세시대로 이어져 현대사회까지 향수는 꾸준히 사랑받고 있으며 사람을 판단하는 데 중요한 요소가 되고 있다.

'화향천리 인향만리'라는 말이 있다. 꽃의 향기는 천리를 가고 사람의 향기는 만리를 간다는 뜻이다. 사람에게서 느껴지는 총체적인 인격이 향기로 나타남을 뜻한다. 자신을 이미지메이킹하는 가장 훌륭한 방법 중 하나가 바로 이러한 자신만의 향수를 가져보는 것이다.

향기의 계열에 따른 종류

① 플로럴 Floral

이름에서도 알 수 있듯이, 플로럴은 꽃을 기본 향료로 하여 만들어지는 향의 계열이다. 플로럴 향은 다양하게 응용되어 활용되고 있으며, 크게 싱글 플로럴과 플로럴 부케 두 가지로 분류할 수 있다. 싱글 플로럴은 말 그대로 한 가지 꽃향기를 표현한 것이며, 플로럴 부케는 결혼식의 화려한 부케처럼 여러 가지 꽃의 향을 한번에 느낄 수 있도록 조화시켜 놓은 것이다. 세계적으로 최고의 향수를 선정할 때도 플로럴 계열의 향수는 늘 상위권을 차지하고 있을 만큼 선호도가 높은 편이다. 또한 플로럴 향은 다른 계열의 향수와 조화를 이루기 때문에 조향사들에도 사랑받는 향이다. 대표적인 향수로는 크리스찬 디올 미스디올, 바이레도의 라튤립, 구찌의 블룸 등이 있다.

② 시트러스 Citrus

시트러스향을 한마디로 표현한다면, 감귤향이라 할 수 있다. 오렌지를 한입 크게 베었을 때 느껴지는 상큼함, 레몬 한 방울을 떨어뜨렸을 때의 신선함으로 표현할 수 있다. 톱노트에 가장 많이 쓰이며 남녀 모두에게 사랑받는 유니섹스 향수인 ck원이 대표적인 시트러스 향이다. 향이 신선하고 라이트하여 지속성이 약하다는 단점이 있지만, 그만큼 부담없이 사용할 수 있다는 장점이 있다. 에르메스 오 드 시트론 느와,

돌체앤가바나 라이트 블루, 이탈리아 제스트 등이 있다.

③ **오리엔탈** Oriental

오리엔탈이란 '동양에서 온' 또는 '고급스러운'이라는 뜻으로 흔히 유럽에서 동양의 문명을 나타낼 때 사용되는 단어이다. 오리엔탈은 신비롭고 고급스러우며 관능적인 에로티즘을 표현하는 가장 대표적인 향의 계열이다. 그래서 자극적이고 강한 개성과 여성의 섹시함을 나타내는 데 매우 효과적인데, 지속성이 뛰어난 편이므로 너무 많이 사용하면 오히려 역효과를 가져올 수도 있으니 조금씩만 사용하기를 권한다. 샤넬의 알뤼드, 코코 샤넬 등이 오리엔탈 계열의 대표적인 향수이며, 이외에도 롤리타 렘피카, 팔로마 피카소, 머스트 드 까르띠에 등이 있다.

④ **시프레** Chypre

시프레라는 단어는 향료 교역에서 중요한 역할을 했던 지중해 상업도시, 키프로스(Cyprus)섬으로부터 유래되었다. 키프로스섬을 방문하였던 코티사가 이 섬에서 느낀 지중해적 느낌을 시프레라는 향수에 담아 발표했던 것이 시초가 되어 오늘날의 시프레 계열까지 탄생시키게 되었다. 촉촉한 나뭇잎의 이미지를 가진 시프레는 봄에 어울리는 향으로 풋풋하고 소녀스러운 취향을 가진 분보다는 차분한 느낌을 선호하는 분에게 잘 어울리는 향이다. 대표적인 향수로는 겔랑의 미추코, 샤넬의 샹스, 나르시소 로드리게스 포 허 등이 있다.

⑤ 우디 Woody

수목이 우거진 울창한 숲속 한가운데 서서 크게 한 번 심호흡을 한다. 그때 느껴지는 나무의 향기, 그것이 바로 우디 계열의 향이 추구하는 신선함과 여유로움이다. 약간은 무겁고 드라이하여 겨울에 특히 잘 어울리는 향수라 일컬어지고 있으며, 겨울의 향수답게 따뜻하고 부드러우며 고상한 느낌을 잘 나타내준다. 시트러스 계열의 향수와 더불어 유니섹스 타입의 향수로 불리는 우디 계열의 향수는 보이시한 매력을 풍기는 여성이나, 깔끔하면서 단정한 느낌을 표현하고자 하는 남성에게 매우 잘 어울리는 향이다. 대표적인 향수로는 지방시의 젠틀맨, 겔랑의 삼사라, 조말론의 우드 세이지 앤 솔트 등이 있다.

⑥ **프루티** Fruity

프루티라는 단어 자체만 들어도 과일의 달콤함이 물씬 느껴진다. 다양한 열대과일 등을 이용하여 상큼한 과일 향을 낸다. 플로럴 계열과 마찬가지로 누구나 부담없이 사용할 수 있어 초보자에게 많이 권해 주는 향으로, 특히 발랄하고 깜찍한 소녀적인 느낌을 표현하는 데 제격이다. 라이트한 과일향의 특성상 고급스러움을 표현하기보다 트렌디한 느낌으로 젊은 여성들의 사랑을 듬뿍 받고 있다. 과일의 향기 때문에 미식가용 향수라 불리기도 하는데, 프루티 계열의 향이 나타나면서 오늘날 향수의 역사가 더욱 감각적으로 변하게 되었다고 평가되기도 하는 중요한 향의 계열 중 하나다. 크리스챤 디올의 자도르, 아닉구딸 쁘띠뜨 쉐리, 아쿠아콜로니아 등이 있다.

⑦ **그린** Green

푸른 잎의 싱그러움을 머금은 그린 계열의 향은 초록의 새싹들이 뿜어내는 자연의 향기를 연상시키는 싱싱한 느낌이다. 1945년에 출시된 피에르 발망의 방 베르가 대표적인 그린 계열의 향수로 일컬어지고 있다. 프레시하면서도 고급스러운 이미지를 표현하는데 그린 계열의 향은 최고의 향수로 꾸준히 사랑받고 있다. 향 자체가 너무 강하거나 독하지 않아서 연령에 상관없이 누구나 쉽게 시도할 수 있는 라이트한 향수이다. 대체로 봄이나 여름 향수로 알려져 있지만, 계절에 관계없이 사용해도 무관하다. 대표적인 향수로는 겐조의 데떼, 엘리자베스

아덴의 그린 티 등이 있다.

⑧ 아쿠아&오셔닉 Aqua&Oceanic

아쿠아와 오셔닉 계열의 향은 물과 바다에서 느껴지는 시원함이 가득
하다. 다시 말하면 바다의 바람결에 실려오는 시원하고 가벼운 해조류
나 짠 공기 등에서 느낄 수 있는 향기다. 대체로 중성적인 느낌을 표현
하기 때문에, 남녀 구분 없이 유니섹스 스타일로 사용하기 무난하다.
땀 냄새 억제에도 유용하며, 가볍게 사용할 수 있어서 평소 향수 사용
이 조금 부담스러웠던 분도 이 향만큼은 사용할 수 있다.

⑨ 파우더리 Powdery

흔히 파우더 향이라 알려진 파우더리 계열의 향은 아기처럼 순수하고
달콤한 느낌과 벨벳처럼 부드럽고 관능적인 느낌을 표현해 주는 야누
스적인 두 가지의 향을 풍기고 있다. 파우더리 향은 지속성이 좋은 편
으로 미들이나 베이스 노트로 사용되어 은은한 향을 오래도록 풍긴다.
파우더리 향을 나타내는 대표적인 향수로는 사랑스런 파우더리 향의

불가리 뿌띠에 마망과 지방시 쁘띠 상봉, 좀 더 부드럽고 풍만한 느낌
으로 온몸을 감싸주는 듯한 플라워 바이 겐조, 순수한 여성스러움과
따뜻한 느낌을 표현해 주는 앤디 워홀 블루 마릴린, 수줍고 어린 소녀
의 우아함과 이상향에 대한 동경을 나타내는 오 드 달리, 오묘함과 순
수함을 표현한 카페 카페 등이 있다.

시간에 따른 향의 변화

구분	지속시간	향료
톱노트 (Top Note)	· 향수의 첫 향 · 10분 이내에 나타나는 향	· 레몬, 오렌지, 시트러스 계열 · 라벤더, 미모사, 일랑일랑, 오렌지 플라워 플로럴 계열
미들 노트 (Middle Note)	· 향수의 가장 핵심이 되는 향 · 뿌린 지 30분~1시간 후에 나는 은은한 향	· 재스민, 장미, 라일락 등 플로럴 · 바질, 시나몬 등 스파이스 계열
베이스 노트 (Base Note)	· 뿌린 뒤 2~3시간이 후에 체취와 함께 지속되는 향	· 우디(나무, 이끼향), 발삼계열(수지의 향) · 머스크, 앰버 등 동물성 향

농도에 따른 종류

구분	농도	지속시간	특징 및 사용법
퍼퓸 (Perfume)	15~30%	5~7시간	- 가장 완성도가 높은 향수(액체의 보석) - 깊이 있고 강한 향으로 저녁 외출이나 화려한 파티에서 고상하고 우아한 분위기를 연출하고자 할 때 사용 - 농도가 진하기 때문에 손목이나 팔꿈치, 귀 뒤 등에 포인트로 사용하는 것이 일반적

오드퍼퓸 (Eau de Perfume)	10~15%	약 5시간	- 퍼퓸과 트왈렛의 중간으로 퍼퓸에 가까운 농도 - 퍼퓸보다 양이 많아 실용적 - 낮부터 저녁까지 광범위하게 가볍게 사용
오드트왈렛 (Eau de Toilette)	5~10%	3~4시간	- 오드퍼퓸과 오데코롱의 중간 정도 - 향수를 처음 사용하는 초보자도 쉽게 사용 가능 - 향이 자연스럽고 부드러워 가장 대중적인 향수
오데코롱 (Eau de Cologne)	3~5%	1~2시간	- 피부나 머리에 직접 사용 가능 - 향이 가벼워 부담없이 사용 - 목욕 후 기분전환으로 사용 - 향수 원료의 숙성기간이 짧은 편이라 저렴한 가격으로 경제적

2. 향수 사용법

① 향수는 깨끗이 샤워한 후 옷 입기 전 맨살에 뿌리는 게 좋다.

② 향은 아래에서 위로 발산되므로 상반신보다는 하반신에 뿌려주면 좋다. 비교적 지속력이 약한 향수는 맥박이 뛰고 체온이 높은 손목, 귀 아래, 목덜미 등에 뿌리면 향이 은은하게 퍼지며 지속시간이 길어지고 향이 강한 향수는 하반신 위주로 뿌리면 좋다.

③ 향수의 농도와 지속도를 알고 사용해야 한다. 오데코롱 같은 경우 처음 사용하는 사람도 부담 없는 정도의 농도이기 때문에 면을 채우듯 전신에 도포하고, 향수들 중 가장 많이 사용되는 향수인 오드트왈렛은 선을 긋듯이 길게 뿌려준다. 또한 가장 짙은 퍼퓸은 2~3방울 점을 찍듯이 발라준다.

④ 땀이 나는 부분이나 겨드랑이 등을 피해야 불쾌한 냄새로 변하는 것을 막을 수 있으며 고유의 향을 유지할 수 있다.

⑤ 손목에 뿌린 후 향수를 비비면 향수를 뿌린 직후 나는 향인 톱노트가 깨지므로 잠시 그대로 두는 것이 좋다.

⑥ 민감한 피부일 경우 피부에 직접 사용하기보다는 화장솜에 뿌려 옷

안쪽 부분에 두드려 사용하면 안전하다.

⑦ 향수의 알코올 성분은 자외선과 반응하여 트러블과 착색의 원인이 되므로 반드시 자외선을 피할 수 있는 부위에 뿌려야 한다.

⑧ 향수 보관에 가장 적합한 온도는 13~15도 정도이다. 향수는 직사광선을 피하고 온도 변화가 적은 곳에 보관하고 사용 후에는 반드시 마개를 닫아서 보관하는 것이 좋다.

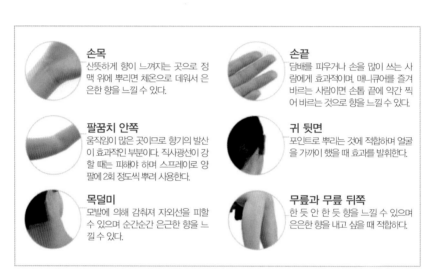

손목
산뜻하게 향이 느껴지는 곳으로 정맥 위에 뿌리면 체온으로 데워서 은은한 향을 느낄 수 있다.

손끝
담배를 피우거나 손을 많이 쓰는 사람에게 효과적이며, 매니큐어를 즐겨 바르는 사람이면 손톱 끝에 약간 찍어 바르는 것으로 향을 느낄 수 있다.

팔꿈치 안쪽
움직임이 많은 곳이므로 향기의 발산이 효과적인 부분이다. 직사광선이 강할 때는 피해야 하며 스프레이로 양 팔에 2회 정도씩 뿌려 사용한다.

귀 뒷면
포인트로 뿌리는 것에 적합하며 얼굴을 가까이 했을 때 효과를 발휘한다.

목덜미
모발에 의해 감춰져 자외선을 피할 수 있으며 순간순간 은근한 향을 느낄 수 있다.

무릎과 무릎 뒤쪽
한 듯 안 한 듯 향을 느낄 수 있으며 은은한 향을 내고 싶을 때 적합하다.

3. 향수 선택방법

① 계절별 향수 선택

구분	향수
봄 (Spring)	• 화사하고 달콤한 플로럴 계열 3월 : 휴고보스 우먼, 트루 러브, 화이트 다이아몬드, 아나이스 아나이스 4월 : 듀퐁, 달리씸므, 플레져, 리브 고시 5월 : 이터너티 포 맨, D&G머스큘린, 엘리자베스 아덴의 그린티, 르샤스리 플레드 도

여름 (Summer)	• 싱그러운 그린 계열, 아쿠아 계열이나 시트러스 계열
	6월 : 겐조 뿌르 옴므, 로디세이, ck원
	7월 : 아쿠아 디 지오, 세루티 이미지, 노아, 겐조 데떼, 장 폴 고티에 퍼퓸 데떼
	8월 : 불가리 뿌르 옴므, 불가리 블루 워터, 쿨 워터 우먼
가을 (Autumn)	• 우아하고 감성적인 분위기의 향
	9월 : 랑콤 포엠, 돌체비타, 쿨 워터 포 맨, 스위스 아미
	10월 : 소토보체, 구찌 악센티, 베리엠씨, 파코라반 XS
	11월 : 올 어바웃, 재즈, 달리 믹스 옴므, 살바도르 달리
겨울 (Winter)	• 신비롭고 정열적인 머스크 계열이나 관능적인 오리엔탈 계열
	12월 : 안나수이, 버버리, 장 폴 고티에, 수이드림, 샤넬N5
	1월 : CK콘트라딕션, 파르팡 데떼, 구찌엔비
	2월 : 윰왓 어바웃 이브, 플레져

② 시간대별 향수 선택

구분	내용
기상 시	• 샤워한 듯 쿨하고 시원한 느낌의 향을 사용한다. • 라이트한 시트러스 계열이나 플라워, 파우더 향으로 아침을 싱그럽게 시작하자.
외출 시(낮)	• 플로럴 계열의 향은 시간이 지날수록 향이 은은하게 남아 이상적이다. • 청정한 느낌의 마린, 플로럴 그린 계열
외출 시(밤)	• 중후한 시프레 또는 깊이 있는 오리엔탈 계열이 좋다.

③ 패션별 향수 선택

구분	내용
클래식 정장	- 지나치게 가벼운 향이나 섹시한 향은 삼간다. - 클래식하면서 시크한 향으로 누구나 알 수 있는 흔한 것보다 신선한 이미지를 주는 향으로 자신을 기억하게 한다. - 부쉐론의 자이뿌르, 지방시의 엑스트라 바강스, 겔랑 상젤리제 등
세미 정장	- 간결하면서 세련된 이미지를 강조한다. - 돌체&가바나(라이트블루), 마크제이콥스(라이브), 이세이미야케(로디세이)
캐주얼 차림	- 관능적이나 달콤한 향은 삼간다. - 오렌지나 레몬 같은 상쾌한 향을 선택한다. - 다비도프(쿨 워터), 랑방(에끌라 드 아르페쥬), ck원 등

④ 체형별 향수 선택

구분	내 용
키가 크고 말랐을 때	- 풍만한 이미지의 향을 선택 - 세련되고 지적인 이미지를 주면서 가볍지 않은 프루티의 달콤함과 플로럴이 우아함을 복합적으로 가지고 있는 향이 좋다. - 버버리 우먼, 알뤼드, 이세이 미야케 로디세이 우먼, 휴고 딥 레드 등
작으면서 통통한 체형	- 상큼한 이미지의 플로럴 프루티나 퓨어 그린 계열의 향 - 미라클, 아나이스 아나이스, 리브고시 오 프레시, 몬타나, 트루 러브 등
섹시한 글래머러스 체형	- 시프레 계열의 프레시 향 - 다비도프 쿨 워터 우먼, 아쿠아 디 지오, 돌체&가바나 라이트 블루

4. 향수 상식 바로 알기

① 향수 구입 시 최적의 향수를 찾으려면 일단 몸에 뿌려보는 것이 가장 좋은 방법이다. 손목에 향수를 떨어뜨린 후 10분 정도 지난 다음 체취와 섞인 향을 맡는 것이 좋다

② 향수 구입은 오후에 하는 것이 좋다. 후각은 초저녁에 가장 예민해지기 때문이다. 단 코는 오감 중 가장 빨리 피로를 느끼는 부분이므로 한꺼번에 세 종류 이상의 향을 맡는 것은 금물이다.

③ 향기를 내뿜는 최고의 방법은 다른 사람을 고려하는 것이다. 시간이나 장소, 상황 등에 맞는 향수 사용법을 지키는 것만으로도 센스 지수는 올라간다.

④ 향수는 외출하기 30분 전, 메이크업을 시작하기 전에 뿌리는 것이 좋다. 이렇게 하면 메이크업하는 동안 알코올 성분이 날아가서 은은한 향을 즐길 수 있다.

⑤ 흰옷에 짙은 색의 향수를 뿌리면 잘 지워지지 않는 얼룩이 생기고, 진주나 산호 등 부서지기 쉬운 보석은 표면의 광택을 잃을 수도 있으므로 조심한다.

⑥ 가급적 식사 전에는 뿌리지 않는다. 식사 시 향수가 너무 진하면 음식의 맛과 향을 떨어뜨리게 되므로 주의한다.

⑦ 향수의 유통기한을 지킨다. 기한을 넘긴 향수는 향이 변질되거나 날아가고 인위적인 알코올 냄새만 나기 때문에 과감하게 버려야 한다.

Chapter
10

뷰티 이미지메이킹_네일

Chapter 10

뷰티 이미지메이킹_네일

1. 네일 관리법

① 핸드크림 활용

손을 씻은 후 핸드크림을 손등, 손바닥뿐만 아니라 손톱 끝까지 꼼꼼히 바른다. 유수분이 부족하면 손톱이 갈라지거나 부러질 수 있고, 이에 따라 손톱 안으로 세균이 침투할 수 있어 손톱 건강에 악영향을 끼치기 때문이다. 최근 핸드크림뿐 아니라 큐티클 크림도 흔히 볼 수 있다. 건조할 때마다 핸드크림과 큐티클 크림을 이용하여 청결하고 건강한 손톱을 유지할 수 있도록 한다.

② 음식 섭취

손톱은 단백질로 이루어져 있다. 따라서 단백질이 부족하면 자연스레 손톱이 약해진다. 건강한 손톱을 위해 단백질뿐만 아니라 섭취해야 할 음식에 대해 알아보도록 하자.

- **단백질 음식** : 쇠고기 또는 생선, 콩, 달걀, 치즈, 우유 등 단백질이 들어간 음식은 건강한 손톱을 유지한다.
- **비타민이 함유된 음식** : 곡물류(비타민 B), 연어(비타민 D), 고구마(비타민 A), 푸른 잎 채소(비타민 E), 오렌지(비타민 C) 등 신선한 채소와 과일 등을 섭취한다.
- **철분이 함유된 음식** : 기름기 없는 육류나 녹황색 채소, 과일, 땅콩과 같은 음식은 철분 함유량이 높다. 철분은 신체에 에너지를 공급하는 역할을 하며 이에 따라 철분이 부족한 경우 손톱이 얇아지고 자주 부러질 수 있다.
- **아연이 풍부하게 들어간 음식** : 현미, 땅콩, 견과류, 살코기, 생선류에 많이 함유되어 있다. 신선한 샐러드 또한 손톱을 건강하게 만드는 데 도움이 된다.
- **충분한 물 섭취** : 물은 깔끔하고 건강한 손톱을 유지하는 데 중요한 역할을 한다. 물을 충분히 섭취하여 손톱과 손톱 주위 피부를 탄력 있게 만들도록 한다.

③ 매니큐어 사용

매니큐어와 아세톤의 사용이 자주 반복될수록 손톱 표면은 자극을 받고 약해질 수 있다. 이는 손톱이 쉽게 갈라지고 뜯어지게 한다. 이와 같은 경우 5일 정도는 바르고 이틀은 매니큐어를 지워 손톱의 건강을 살핀다. 일주일 이상 손톱에 매니큐어를 바른 채 지낸다면, 손톱에 착색될 뿐만 아니라 매니큐어 안에 함유된 화학성분이 손톱건강을 해칠 수 있기 때문이다. 따라서 손톱에 자극을 주지 않으려는 노력과 함께 큐티클 제거기와 같은 제품을 이용하여 손톱건강을 관리해야 한다.

④ 영양제 바르기

매니큐어를 바르지 않은 상태에서 손톱에 영양제를 바르고 충분한 휴식을 취한다. 그러면 영양공급이 되어 더욱 윤이 나는 손톱을 유지할 수 있다. 손톱영양제 대용으로 얼굴용 오일, 멀티 오일을 써도 된다.

2. 네일아트

매니큐어 바르기

① 손톱 깨끗이 닦기

화장솜을 감은 스틱 또는 면봉에 리무버를 묻혀 손톱의 이물질과 유분을 구석구석 깨끗이 닦아낸다. 유분이 남아 있으면 매니큐어가 쉽게 벗겨진다.

② 베이스코트 바르기

손톱에 매니큐어를 바르기 전, 베이스코트를 발라 손톱 보호 및 매니큐어가 잘 발릴 수 있도록 한다.

③ 컬러 입히기

베이스코트가 완전히 마른 후, 손톱에 브러시 끝부분에만 동그랗게 물방울처럼 맺히는 정도로 매니큐어를 얇게 도포한다. 이때 많은 양을 바르면 손톱이 두꺼워 보일 수 있고, 너무 적은 양을 바르면 매니큐어가 매끄럽게 발리지 않아 줄이 생길 수 있으므로 여러 번, 얇게 도포하는 것이 좋다.

④ 건조하기

5분 정도 지나면 건조된다. 사실 매니큐어는 완전히 건조될 때까지 8시간 정도 걸린다.

⑤ **톱코트 바르기**

톱코트는 매니큐어에 윤기를 돌게 하고 매니큐어 색상이 오래 지속될 수 있도록 한다.

⑥ **오일 바르기**

마지막으로 톱코트를 5~10분 정도 말린 뒤 큐티클 오일을 큐티클 주위에 떨어뜨린다. 오일은 보습효과를 주며 손톱이 튼튼해진다. 또한 막 바른 매니큐어에 먼지가 묻거나 흠집이 나는 것도 막을 수 있다.

매니큐어 지우기

① 매니큐어를 오랫동안 바르고 있으면 착색되거나 매니큐어 표면이 벗겨진다. 이때 리무버를 사용하여 화장솜으로 손톱 표면의 매니큐어를 충분히 녹여준 후 한번에 깨끗이 지워준다.

② 화장솜을 손톱 크기에 맞추어 작게 잘라 지울 준비를 한다. 리무버를 화장솜에 충분히 적신 후 손톱 표면에 올리고 3분 정도 기다린다. 3분 후 손톱의 큐티클 라인부터 바깥쪽으로 화장솜을 밀듯이 매니큐어를 지운다.

③ 손톱에 남아 있는 잔여물을 깨끗이 제거한 후, 차가운 물에 손톱을 한번 헹궈준다. 매니큐어 지우기로 손톱에 자극이 가해지므로 손톱의 매니큐어를 지운 후에는 영양제를 발라 손톱을 건강하게 유지한다.

3. 상황별 네일 연출법

미팅이나 소개팅

　미팅이나 소개팅은 첫인상이 중요하기 때문에 화려하고 과도한 느낌을 자아내는 원색이나 화려한 장식의 네일 컬러링은 피한다. 우아하면서도 정숙한 이미지를 연출해 주는 파스텔톤이나 누드톤의 컬러를 선택하는 것이 좋다.

남자친구와의 데이트

　데이트 장소가 전시회나 고급 레스토랑이라면 포멀하면서도 세련된 느낌의 인디고 블루나 딥한 와인빛 레드 컬러를, 공원이나 교외로 나가게 될 경우 캐주얼한 느낌의 원색 컬러나 톤온톤의 파스텔 컬러의 네일을 선택한다.

친구들과의 만남

　친구들과의 만남에서는 트렌디한 컬러를 맘껏 선택한다. 유행에 따라 네온컬러나 원색 컬러 등을 과감하게 발라보는 것도 좋다.

비즈니스 혹은 가족모임

　격식을 차린다고 손톱에 아무것도 바르지 않는다면 자칫 자기관리가 소홀한 사람으로 보일 수 있다. 또한 굳이 투명한 컬러를 선택할 필요는 없다. 대신 바른 듯 안 바른 듯 깔끔하고 차분한 컬러로 연출하면 된다.

휴양지

눈부신 태양과 푸른 바다가 넘실대는 휴양지에서는 비치룩과 잘 어울리는 선명한 컬러를 원포인트로 바르거나 그라데이션해 주면 세련된 네일을 연출할 수 있다.

Chapter
11

체형별 패션스타일

Chapter 11

체형별 패션스타일

1. 체형의 개념

체형은 나의 이미지를 다른 사람에게 전달하는 데 있어 중요한 요소 중 하나이다. 모든 사람은 각각 다른 신체조건을 가지고 있으므로 자신에게 어울리는 스타일이나 꼭 맞는 옷의 사이즈를 결정하기 위해 자신의 신체적 특징과 체형을 알아둘 필요가 있다. 자신의 체형에 대한 적절한 인지는 신체부위의 둘레나 길이를 측정함으로써 이루어질 수 있다. 체형의 단점을 커버하고 자신의 체형과 의상을 조화시켜 균형을 이루도록 하여 이미지를 효과적으로 연출한다.

2. 얼굴형 분석

얼굴은 머리부분에서 앞부분을 말하고 안면이라고 하며 얼굴 길이는 이마에서 아래턱까지, 얼굴폭은 양쪽 귀 사이의 부분을 말한다. 얼굴은 그 사람을 대표하는 신체 부분으로 얼굴형을 비롯하여 눈, 코, 입 등의 얼굴형태를 통해 개인을 식별하는 중요한 요소이다. 얼굴형에 알맞은 헤어스타일,

메이크업, 액세서리에 따라 균형 잡힌 아름다운 유형으로 보일 수 있다.

① **달걀형** Oval Face

가장 이상적인 얼굴형으로 아름답고 자연스러운 균형을 이루고 있다. 얼굴형이 갸름하고 목이 긴 사람은 터틀넥(turtle neck), 보트넥(boat neck), 롤 칼라(roll collar) 등이 잘 어울린다. 그러나 앞이 많이 파인 V네크라인은 자칫 얼굴이 길어 보일 수 있으므로 피하고, 스퀘어 네크라인(Square neckline)은 가슴을 드러내기 때문에 체격이 작은 사람은 주의해야 한다. 액세서리나 헤어스타일도 어느 것이나 잘 어울린다.

② **긴 형** Oblong Face

얼굴 길이가 긴 스타일은 이마나 턱이 길어서 지적이며 성숙해 보이지만 다소 빈약하고 귀여운 이미지가 결여된 단점이 있다. 완만한 곡선적인 네크라인이나 보트 네크라인이나 목 가까이에 있는 칼라가 좋다. 깊게 파인 U자나 V자 네크라인은 얼굴을 더욱 강조하게 되므로 피해야 한다. 헤어스타일은 옆쪽으로 약간 볼륨을 준 세미 롱이나 앞머리를 내린 스타일이 좋으며 스트레이트 헤어의 긴 머리와 윗부분에 볼륨을 준 머리, 묶은 머리와 이마를 드러내는 스타일은 얼굴이 더 길어 보일 수 있으므로 피한다. 메이크업 시에도 헤어라인과 턱부분을 어둡게 표현하고 눈썹을 조금 두껍게 그려주면 단점을 커버할 수 있다. 액세서리는 목 근처에 착용하는 형태인 초커나 도그칼라는 피하고, 귀걸이는 길이감이 없는 부착형이나 버튼형이 적합하다.

③ **둥근형** Round Face

둥근형은 얼굴의 가로와 세로의 길이가 거의 비슷한 유형으로 턱, 이마, 뺨이 둥글고, 전체적으로 귀엽고 어려 보이는 느낌을 주는 얼굴형이다. V네크라인, 깊게 파인 U넥은 둥근 얼굴을 갸름하게 하는 착시효과가 있고 셔츠 칼라 등을 착용할 때는 단추를 끝까지 채우지 말고 하나 정도 풀어놓는 것이 좋다. 얕은 라운드 네크라인은 얼굴을 둥글게 보이게 하므로 피한다. 헤어스타일은 윗부분에 볼륨을 주며, 둥글고 풍성한 스타일은 얼굴을 더욱 강조하게 되므로 피하도록 한다. 메이크업 시에는 양볼의 뒷부분에 셰이딩효과를 주고 콧등의 하이라이트를 길게 주어 세로의 느낌을 표현하도록 한다. 귀걸이는 길게 늘어지는 드롭형이나 모빌형을 선택한다.

④ **사각형** Square Face

사각형은 이마, 광대뼈, 턱뼈가 동일한 폭으로 넓고, 하관이 발달한 얼굴형으로 강인한 남성적 이미지를 주며, 고집스러운 이미지를 풍길 수 있다. V넥이나 U넥이 잘 어울리며 둥근 칼라 등을 이용하면 각진 얼굴의 단점을 보완할 수 있다. 가슴 부분에 셔링이 잡힌 보트 네크라인은 목이 짧아 얼굴을 더욱 크게 보이게 하고 스퀘어 네크라인은 얼굴의 결점을 강조하므로 부적합하다. 헤어스타일은 윗부분을 살린 스타일, 층이 진 커트, 비대칭형의 커트, 하관부분에 작고 소프트한 컬이 있는 스타일이 어울린다. 메이크업은 T존부위의 콧등 하이라이트 효과를 주는 것이 좋으며, 섀도의 경우 눈꼬리를 강조하기보다는 동그란 눈을 강조한다. 액세서리는 부피감, 넓이감이 강한 것은 좋지 않고 귀걸이는 드롭형이나 모빌형이 좋다.

⑤ **역삼각형** Uninvested Triangular Face

역삼각형 얼굴은 이마가 넓고 뾰족한 턱이 두드러지는 현대적인 얼굴형으로 예리하고 날카로워 보이기도 하지만 세련된 느낌을 준다. 라운드 네크라인이나 보트 네크라인과 칼라 끝이 둥근 라운드 칼라 셔츠 등의 상의가 어울리는 반면 목부위로 올라오는 차이나 칼라, 터틀 네크라인의 스웨터는 피한다. 그리고 턱이 뾰족한 사람의 경우, V네크라인이 깊게 파인 네크라인은 결점을 강조하므로 가급적 착용하지 않는다. 액세서리는 밑이 넓은 타원형이나 드롭형 귀걸이로 시선을 분산시켜 뾰족한 턱을 넓어 보이게 하고 헤어스타일은 턱길이 정도의 웨이브와 앞머리를 내려서 넓은 이마를 보완한다. 턱부분에 셰이딩을 하기보다는 턱에서 가까운 양 입꼬리 윗부분을 밝게 표현해 준다.

⑥ **마름모형** Diamond Type

마름모형은 턱선이 뾰족하고 광대뼈가 넓고 각진 얼굴로 차갑고 날카롭게 보인다. 볼이나 광대부위를 균형 있고 부드럽게 보이게 하는 이미지연출이 필요하다. V형의 네크라인이나 칼라, 목선이 깊게 파인 상의를 착용하여 각진 턱부분에 시선이 집중되지 않도록 하고, U네크라인과 목까지 올라오는 것도 좋지 않다. 광대뼈가 눈에 띄지 않게 메이크업을 하며 헤어스타일은 윗부분과 귀 아래로 볼륨을 더해 단점을 커버한다. 귀걸이는 길고 아래쪽이 넓은 물방울형이 잘 어울리는 반면 드롭형과 짧은 형태의 초커는 피한다.

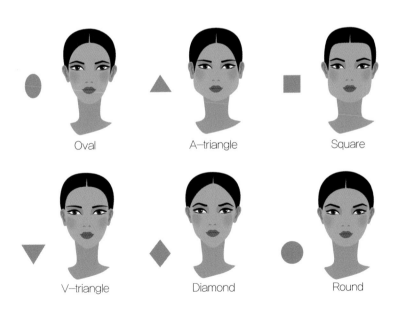

Oval   A-triangle   Square

V-triangle   Diamond   Round

3. 체형에 따른 분석

체형은 나의 이미지를 다른 사람에게 전달하는 데 있어 중요한 요소 중 하나이다. 그러므로 체형의 단점을 커버하고 체형과 의상을 조화시켜 균형을 이루도록 함으로써 이미지를 효과적으로 연출하기 위해 체형에 맞는 의상을 착용해야 한다.

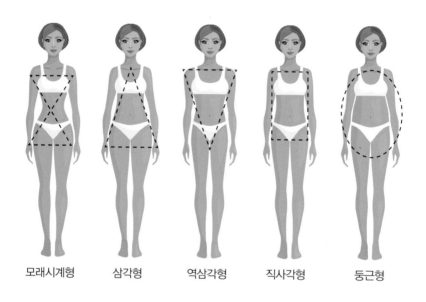

| 모래시계형 | 삼각형 | 역삼각형 | 직사각형 | 둥근형 |

여성의 체형

① **모래시계형** Hourglass Type

모래시계형은 어깨와 힙이 균형잡혀 있고 허리가 확실히 들어간 이상적인 체형으로 볼륨감이 있어 건강미와 관능미를 동시에 지니고 있다. 체형을 보정하지 않아도 어떤 스타일의 의상도 잘 어울린다.

> **어울리는 디자인**

● 몸매의 곡선을 강조하는 디자인

- 허리가 들어간 싱글 브레스티드 재킷, 원버튼 재킷과 팬슬스커트
- 폭이 넓은 벨트, 허리선과 엉덩이 부분을 감싸주는 디자인

② **삼각형** Triangular Type

삼각형 체형은 어깨와 가슴보다 힙이 발달되어 엉덩이나 허벅지에 살이 많다. 힙에 시선이 가지 않도록 빈약한 상체를 강조하여 상의는 적당한 볼륨과 형태를 유지하고 하의에 비해 밝은 컬러나 무늬가 있는 심플하면서도 적당히 타이트한 것을 선택한다.

어울리는 디자인

- 어깨장식이나 숄더패드(shoulder pad)가 있는 디자인
- 엉덩이를 덮는 길이의 재킷과 블루종, 하이웨이스트의 상의, 투피스 드레스
- 짙은 색상의 상의
- 스카프, 액세서리나 장신구 등을 착용하여 상체로 시선을 집중

피해야 할 디자인

- 팔과 어깨를 노출시키는 탱크톱, 홀터넥
- 개더, 플리츠, 무늬와 패턴 등이 있는 스커트나 팬츠
- 밝은색, 광택이 있거나 큰 문양이 있는 하의

③ **역삼각형** Reverse Triangular Type

역삼각형 체형은 어깨가 발달되어 넓고 허리와 힙이 어깨너비에 비해서 좁은 체형으로 건장한 남성적인 이미지를 준다. 체형을 보완하기 위해 상체는 꼭 맞게 입고 하체에 볼륨감을 준다.

어울리는 디자인

- 깊게 파인 V넥, 비대칭이나 심플한 디자인의 상의
- 허리 부분에 프린트 배색으로 시선 집중

- 풍성한 느낌의 플레어스커트(flared skirt), 벌룬스커트(balloon skirt), 플리츠스커트(pleats skirt), 티어드스커트(tiered skirt), 통이 넓은 바지

피해야 할 디자인

- 퍼프소매의 어깨 장식이나 넓은 칼라가 달린 상의
- 광택 있고 볼륨감 있는 소재 상의

④ **직사각형** Rectangular Type

직사각형 체형은 상체와 하체가 균형이 잡혀 있지만 가슴이 작고 납작하며 어깨와 엉덩이가 좁고 차이가 없는 일직선의 체형이다. 마른 일직선형의 체형은 미성숙한 느낌을 주며 건장한 체형은 남성적인 이미지가 강하다. 전체적으로 여유가 있으면서 허리와 복부를 자연스럽게 보이도록 오버 블라우스와 레이어드 룩을 연출한다.

어울리는 디자인

- 허리를 조이는 재킷류, 로웨이스트의 하의 등 허리를 강조하는 디자인
- 소재는 볼륨감이 있는 니트
- V네크라인이나 깊은 U네크라인과 퍼프나 프릴이 있는 상의

피해야 할 디자인

- 박시 재킷(boxy jacket), 오버사이즈 재킷(over size jacket), 스퀘어 재킷(square jacket)
- 보트 네크라인이나 스퀘어 네크라인
- 가로줄무늬, 웨이스트 부위에 큰 패치포켓이 있는 디자인

⑤ **마름모형** Diamond Type

마름모형은 좁은 어깨와 엉덩이에 비해 넓은 허리를 가지고 있다. 허리에서 엉덩이 윗부분까지 넓고 비교적 다리는 가는 편이다. 허리 길이가 짧은 경우가 많아 실제보다 허리가 더 두꺼워 보이는 체형이다.

어울리는 디자인

- 허리를 덮는 오버 블라우스나 긴 셔츠
- 하의는 플레어스커트와 같은 볼륨이 있는 스커트, 일자형 혹은 부츠 컷 팬츠
- 네크리스나 스카프 등을 이용하여 시선을 얼굴 쪽으로 분산

⑥ **둥근형** Over Type

둥근형은 가슴, 허리, 힙 등이 발달되고 전체적으로 살이 찌고 배가 나온 유형이다. 체형을 보완하기 위해 세로로 가늘게 보이도록 한다. 각을 이용하여 선명한 인상을 주고 밝은 팽창색보다는 수축색을 사용하고 소재는 너무 얇거나 두꺼운 것은 피한다.

어울리는 디자인

- 길이가 긴 헐렁한 스타일의 재킷(loose jacket), 웨이스트 라인이 없는 단순한 스타일의 원피스 드레스, 슈미즈 하이웨이스트(chemise high waist) 또는 로웨이스트(low waist)의 스커트와 바지
- 오버 블라우스(over blouse)
- 세로선이 있는 스타일

피해야 할 디자인

- 둥근 네크라인 퍼프 소매, 몸에 딱 맞는 스타일의 디자인
- 폭이 넓거나 눈에 띄는 색의 벨트
- 수평선의 패턴이나 두툼하고 볼륨 있는 질감의 소재

남성의 체형

남성의 체형은 여성에 비해 단순한 편으로 외형적 실루엣의 형태를 기준으로 역삼각형(T형), 직사각형(H형), 오버형(O형)으로 나뉠 수 있다. 각 체형별 특성과 패션코디네이션을 살펴보자.

① **역삼각형**(T형)

역삼각형은 어깨가 넓고 상체가 발달하여 남성적인 매력이 돋보이는 이상적인 체형이다. 가슴과 허리둘레가 18cm 이상 차이가 나며 운동으로 단련된 근육질 몸매이다. 작은 키가 아니면 어떤 스타일도 무난하게 소화할 수 있다.

- 트임 없는 슬림한 실루엣의 원버튼, 투버튼 싱글 브레스티드 슈트
- 짙은 상의와 밝은 하의. 특히 하의는 상의보다 작은 사이즈 선택
- 어깨가 좁아 보이게 하는 베스트
- 큰 어깨 패드, 더블 브레스티드 재킷은 피할 것
- 작은 키의 경우 사선 스트라이프 넥타이, 포켓치프, 안경, 선글라스 등으로 얼굴 부분 강조

② **직사각형**(H형)

직사각형은 어깨, 가슴과 허리둘레가 거의 차이나지 않는 슬림한 직선형의 몸이다. 가늘고 왜소해 보일 수 있기 때문에 어깨에 볼륨을 주어 남성적인 매력을 살려준다. 아주 마르거나 키가 작지 않으면 선호되는 체형으로 다양한 스타일 연출이 가능하다.

- 투버튼이나 더블 브레스티드 재킷
- 헤링본이나 글렌 체크와 같은 잔잔한 무늬나 표면에 부피감이 있는 트위드 소재
- 커다란 어깨 패드, 견장 디테일, 가슴 주머니가 달린 재킷
- 베스트와 함께 입는 스리피스 정장 스타일

- 밝은색상의 상의와 타이에 포인트를 주어 시선을 위로 준다.

③ **오버형**(O형)

오버형은 통통한 체형으로 어깨는 처진 편이며 허리와 엉덩이 둘레의 차이가 13cm 이하이다. 목이 짧은 오버형은 중년 이후의 남성에게서 많이 보이는 형이다. 의복의 실루엣이 세로로 길고 가는 직선적인 형태를 주는 것이 포인트다.

- 피크트 라펠(Picked Lapel)의 테일러드 칼라가 달린 싱글 브레스티드 재킷
- 짙은 색상의 스트라이프 슈트, 스트라이프 타이
- 같은 계열 색상의 상의와 하의
- 더블 브레스티드 재킷이나 부피가 있는 소재의 의류는 피할 것

남자의 기본 3가지 체형

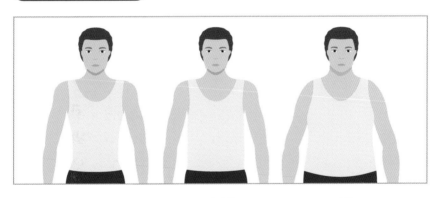

| 역삼각형 | 직사각형 | 오버형 |

4. 체형별 스타일 전략

신체비율에 따른 코디법

신체비례는 남녀 보두 머리 길이를 기준으로 하여 보통 사람은 7.5등신으로 손목이 엉덩이의 가장 넓은 부분에 위치하고 이 선에 의해 신장이 정확히 이등분된다. 목은 머리길이의 1/2을 차지하며 가슴의 가장 넓은 부분의 머리 길이의 2배 위치, 허리의 가장 가는 부분은 머리 길이의 3배의 위치에 있다. 남성과 여성은 둘레비에서 차이가 있다. 여성의 체형은 정면에서 보았을 때 어깨와 엉덩이의 너비가 같지만 남성은 엉덩이의 너비가 어깨너비의 3/4으로 여성보다 좀 더 날씬하게 보인다. 또 남성보다는 여성의 가슴/허리, 엉덩이/허리의 앞뒤 비가 더 크다. 신체비율에 의한 여성 및 남성의 체형별 코디네이션을 살펴보자.

여성의 체형별 코디네이션

① 키가 작고 뚱뚱한 체형
키가 작고 뚱뚱한 체형은 귀여운 인상을 주는 타입으로 수직적인 착시현상을 일으키는 의복을 선택한다.
- 상하의를 같은 컬러톤으로 통일, 상의에 비해 하의는 진한 톤
- 허리선이 높게 들어간 디자인의 원피스
- 소재는 부피감이 없는 심플한 소재로 도트무늬, 세로선이 길어 보이는 효과
- 액세서리는 다소 작은 것, 스카프, 브로치로 시선이 상체를 향하게 한다.

② 키가 작고 마른 체형
키가 작고 마른 체형은 왜소하고 빈약해 보이기 쉽다. 최대한 확대되어 보이고 다리를 길어 보이게 하는 데 포인트를 주는 것이 좋다.

- 짧은 상의와 긴 스커트의 투피스
- 늘어지는 소재보다는 약간 형태가 살아 있는 소재
- 넓은 소매나 넓은 칼라는 피할 것

③ 키가 크고 뚱뚱한 체형

키가 크고 뚱뚱한 체형은 서구적인 타입으로 자칫 둔해 보이지만 키가 크기 때문에 오히려 시원스럽고 당당한 느낌을 준다. 너무 화려한 스타일보다는 심플한 스타일이 잘 어울린다. 지나치게 몸에 달라붙는 디자인이나 소재는 통통한 몸매를 드러내므로 피한다.

- 위아래는 대조적인 색상
- 직선적인 느낌의 원피스나 줄무늬를 살린 슈트
- 소재는 부드럽고 가벼운 것이 좋고 부피감이 있고 큰 프린트 무늬는 피할 것
- 고급스럽고 화려한 액세서리

④ 키가 크고 마른 체형

키가 크고 마른 체형은 거의 모든 스타일이 잘 어울린다. 최대한 장점을 활용해 레이어드 스타일을 과감하게 시도해도 좋다. 어두운 계열의 솔리드한 옷감보다 볼륨감 있고 프린트 있는 소재를 적극 활용하는 것도 좋다.

- 캐주얼 스타일보다는 매니시한 팬츠 슈트, 테일러드 재킷이나 슬림한 팬츠, 샤넬라인 스커트
- 재질은 부드럽고 밝은 것, 무늬가 큰 따뜻한 색상
- 넓은 벨트, 큰 사이즈의 디테일이 강조된 액세서리

⑤ 상체가 뚱뚱하고 하체가 마른 체형

어깨가 엉덩이보다 넓은 체형으로 보통 배, 허리, 가슴, 등 위쪽까지 살이 있고 상대적으로 엉덩이는 조그맣고 편평한 편이다. 신체적 균형

을 맞추기 위해 상체는 가능한 작게 만들면서 날씬한 하체에 시선이 가도록 연출한다.

- V네크라인, 오픈 네크라인과 세로선으로 착시효과를 주는 프린트의 상의
- 어두운 색 상의, 지나친 장식의 상의는 피할 것
- 통이 좁거나 타이트한 바지, 스커트

⑥ 하체가 뚱뚱하고 상체가 마른 체형

어깨와 흉곽이 엉덩이와 허벅지보다 좁은 체형으로 허리 아래의 엉덩이, 허벅지, 다리 등에 군살이 붙은 체형으로 가슴둘레는 평균이거나 작은 편이다.

- 어깨 패드가 들어간 상의
- 밝은 상의와 어두운 하의로 연출하고 상체에 포인트
- 부드럽고 얇은 소재는 피하고 짧고 맵시 있는 볼레로 재킷, 플리츠 스커트와 트렌치코트, 레이어드룩 스타일

남성의 체형별 코디네이션

① 키가 작고 뚱뚱한 체형

키가 작고 뚱뚱한 체형은 상체에 살이 많은 체형으로 의복에 수직선에 의한 착시현상을 이용하는 것이 좋다.

- 투버튼의 싱글 슈트
- 검은색과 짙은 감청색 등의 수축색, 세로줄 무늬
- 뒤트임은 중앙, V존이 깊게 파인 재킷
- 상의와 하의 동일 색상
- 액세서리나 소품은 다소 작은 형태, 양말과 신발은 의복과 유사한 색상을 선택한다.

② **키가 작고 마른 체형**

키가 작고 마른 체형은 지나치게 달라붙거나 너무 헐렁하게 입으면 마른 체형을 더 강조하고 작아 보일 수 있다.

● 아이보리 계열의 더블 브레스티드 재킷과 동일한 색상의 팬츠
● 상의는 가로선이 강조된 격자무늬의 감청색이나 중간톤의 회색이 무난하다.
● 재킷의 길이는 짧게 바지는 직선 또는 약간 넓은 것
● 넥타이의 무늬는 작고 규칙적인 것
● 지나친 장식, 큰 단추나 벨트는 피한다.

③ **키가 크고 뚱뚱한 체형**

키가 크고 뚱뚱한 체형은 둔한 인상을 줄 수 있으므로 단순한 선의 장식이 절제된 디자인이 좋다. 너무 타이트한 스타일도 더욱 뚱뚱해 조이게 하므로 피하는 것이 좋다.

● 무늬가 없는 검은색, 짙은 브라운색, 짙은 회색이나 스트라이프가 있는 진한 색 슈트
● 깊은 V네크라인의 캐주얼한 정장 타입
● 더블 브레스티드 재킷은 피하고 싱글 브레스티드 재킷 선택
● 의복 소재는 편평하고 견고한 직물

④ **키가 크고 마른 체형**

키가 크고 마른 체형은 수직선이나 작은 무늬의 직물은 피하는 것이 좋다. 재질이 부드러우면서도 밝고 큰 무늬로 된 여러 가지 직물이 섞인 프린트나 난색 계열의 색상을 착용한다. 자신의 결점을 감추기 위해 자기 체형보다 큰 사이즈를 착용하는 것은 바람직하지 않다.

● 쓰리버튼이나 포버튼 재킷으로 길이가 약간 긴 스타일
● 상의와 하의를 다른 색, 단색보다는 체크무늬, 세로줄 무늬는 피한다.
● 하의보다는 상의를 밝은색으로 코디한다.

● 디테일이 강조된 디자인이나 대담한 액세서리를 매치해 체형 커버

⑤ **상체가 살찐 체형**

상의는 여유 있는 일직선 스타일이 좋으므로 아메리칸 스타일의 슈트를 착용하는 것이 좋다. 너무 타이트한 스타일은 상체를 강조하므로 피하는 것이 좋다. 의복의 소재는 부드럽거나 유연한 평직을 사용하고 가볍고 밝은 색상은 하의에 사용하여 체형을 커버하는 것이 좋다.

⑥ **하체가 살찐 체형**

상의에 엷고 밝은색을 사용하고 하의는 어둡고 흐린 색상을 사용하는 것이 좋다. 밝고 화려한 넥타이나 셔츠를 사용하여 시선을 위로 가도록 한다.

체형별 수트 바르게 입기

● 크고 마른 당신	● 크고 뚱뚱한 당신	● 작고 마른 당신	● 작고 뚱뚱한 당신
상·하의 다른 색상으로 재킷, 밝은 톤 더블 여밈	진한 색 세로줄 무늬 슈트, 싱글 버튼 재킷 고수	상·하의 동일한 팽창 색으로 코트 등 어깨선 강조	헤어스타일 볼륨감 있게 옷·구두 컬러 통일 '날씬'

Chapter 12

패션 액세서리 스타일링

Chapter 12

패션 액세서리 스타일링

1. 핸드백(Hand bag)

핸드백은 실용적 측면이 강한 액세서리로 패션스타일을 완성하는 소품으로 인식되고 있다. 핸드백은 디자인, 컬러, 소재가 있어 각 개인의 취향과 직업 신분에 맞추어 선택할 수 있다. 핸드백을 선택하는 경우, 의상의 전체적인 컬러와 조화를 고려해야 한다. 착용한 의상과 무늬, 컬러, 소재 등을 통일시켜 주거나 대비되는 컬러를 선택할 때는 주의를 기울여야 한다. 또한 핸드백의 크기는 자신의 신장에 비례하여 코디하는 것이 바람직하다.

① **토트백** tote bag

가방 상단에 손잡이가 달려 있어, 그 손잡이를 잡아 들고 다닐 수 있는 형태의 가방이다. 토트백의 손잡이는 숄더백이나 크로스백에 비해 길이가 짧아 어깨에 멜 수 없으나, 스트랩이 별도로 제공되는 경우에는 숄더 및 크로스백의 형태로도 착용할 수 있다.

② **숄더백** shoulder bag

가방 상단의 손잡이가 길어 어깨에 메는 형태로 들 수 있는 가방이다. 숄더백은 가방의 모양에 따라 쇼퍼백, 호보백, 바게트백, 버킷백 등으로 불린다. 손잡이의 길이가 조절되거나, 스트랩이 별도로 제공되는 경우에는 크로스백 형태로도 착용할 수 있다.

③ **크로스백** cross bag

가방 상단의 양끝을 연결하는 긴 스트랩이 있어, 한쪽 어깨에서부터 몸을 가로질러 사선으로 멜 수 있는 가방이다. 일반적으로 끈길이를 조절할 수 있어 숄더백 형태로 멜 수도 있고, 손잡이가 따로 있는 경우에는 토트백 형태로도 착용할 수 있다.

④ **백팩** backpack

남녀노소 모두 편안하게 등에 멜 수 있는 가방의 형태를 백팩이라 부르며, 과거에는 등산용으로 많이 이용되었고 최근에는 패셔너블하게 변형되어 수업이 많은 학생들을 위한 가방 종류가 많다. 여성용은 캐주얼 백팩에 비해 다양한 소재와 컬러, 장식을 사용하는 것이 특징이다.

⑤ **클러치백** clutch bag

가방 끈이 없어, 옆구리에 끼거나 손에 쥐고 다닐 수 있는 형태의 가방이다. 일반적으로 사각형의 모양에 작고 가벼운 것이 특징이며, 격식을 갖춰 입어야 하는 자리에 어울리는 가방으로 이브닝백, 언더암백이라고도 한다.

⑥ **쇼퍼백** shopper bag

종이 쇼핑백과 같이 윗부분이 트여 있고 손잡이가 크고 긴 숄더백이다. 대부분 넉넉한 크기로 제작되어 많은 양의 물건을 수납할 수 있으며, 내용물이 쉽게 노출되기 때문에 이너백이나 파우치를 같이 사용하기도 한다.

⑦ **보스턴백** Boston bag

미국의 보스턴 대학생들이 사용한 데서 이름 붙여진 것으로, 바닥은 평평하고 위로 올라갈수록 둥근형을 띠는 토트백이다. 보통은 더플백과 같이 여행용 가방으로 쓰이나, 여성용으로 작게 제작된 것은 핸드백으로 쓰인다.

⑧ **호보백** hobo bag

아래로 축 처진 반달 모양 혹은 전체적으로 여유 있는 주머니 모양의 숄더백이다. 물건을 넣었을 때 자연스럽게 늘어지는 디자인으로 높은 수납성과 실루엣을 강조한 실용적인 가방이다.

| 토트백 | 숄더백 | 크로스백 | 백팩 |
| 클러치백 | 쇼퍼백 | 보스턴백 | 호보백 |

2. 구두(Shoes)

발을 감싸는 신발의 총칭으로 오늘날에는 보온성, 내구성, 쾌적성 등의 기능성 이외에도 패션성이 더욱 요구되고 있다. 또한 구두는 취향을 보여 주는 가장 정확한 지표가 되기도 한다.

어떤 구두를 고르냐에 따라 전체적인 워킹스타일이 달라지기 때문이다. TPO(시간, 장소, 상황)에 맞는 스타일의 구두를 선택해 당신의 이미지를 완벽하게 마무리하자.

여성구두의 종류

① **펌프스** pumps

가장 일반적인 정장용 여성 구두이다. 지퍼, 끈 등으로 묶지 않고 발등이 드러나는 디자인이면 통상 펌프스라 한다. 굽 높이에 따라 하이힐, 미드힐, 로힐 펌프스로 나뉘며, 노출 부분에 따라 사이드 오픈, 토오픈 펌프스 등으로 불린다.

② **플랫슈즈** flat shoes

굽이 2cm를 넘지 않는 단화로 이름처럼 '납작'하게 붙어 있는 모양새다. 앞에 보통 리본장식이 달려 '발레리나 슈즈'라고도 한다. 로퍼처럼 편하게 신지만 발등이 드러나 스커트나 원피스 등 여성스러운 옷차림에도 어울린다.

③ **메리제인 슈즈** mary jane shoes

발등을 가로지르는 스트랩이 있으면서 앞코가 둥근 신발이다. 발레리나 슈즈와 비슷한 느낌으로 교복, 정장차림에 주로 신는다. 3cm 미만의 낮은 굽이 대부분이나 요즘은 높은 통굽에서도 응용하는 경우가 많다.

④ **슬링백** sling-back

앞은 구두처럼 막혀 있고 뒤는 샌들처럼 끈(슬링)으로 되어 있다. 발
뒤축이 보이기 때문에 '오픈백'으로 불리기도 한다. 맨발과 샌들이 아
직 이른 봄·여름 간절기에 가장 많이 신는다.

⑤ **뮬** mule

슬리퍼 형태의 구두다. 중세 말 이탈리아 베네치아에서 뒤가 트인 빨
간색 실내화에서 유행했던 것이 시초이다. 뮬이라는 명칭도 빨간 물고
기 이름에서 따왔다. 뮬은 17세기부터 굽이 달리면서 실외화로 변했고
이제는 한여름 샌들로 일반화됐다.

⑥ **부츠** boots

발목 이상으로 길게 올라오는 신발의 통칭이다. 처음엔 방수용으로 나
왔으나 이제는 겨울 최고의 패션 아이템이 됐다. 롱부츠는 보통 가죽
이 정강이까지 올라갈 때(35~38cm 안팎)를 말하며 '니하이(knee-high)
부츠'라고도 한다. 부츠가 허벅지까지 올라갈 땐 '오버니(over-knee)부
츠' 또는 '사이하이(thigh-high)부츠', 발목을 가릴 땐 '앵클(ankle)부츠'라
고 한다.

⑦ **웨지힐** wedge heel

옆에서 보면 발바닥 안쪽까지 굽이 이어져 삼각형으로 보이는 신발이
다. 구두 밑창에 쐐기형 굽이나 징을 붙인 것 같다고 해서 붙여진 이름
으로 '가보시힐'이라고도 불린다. 흔히 앞부분에도 2cm 이상의 높이를
더해 높은 굽을 신을 때 발목의 부담을 덜어주는 디자인이다.

⑧ **글레디에이터 슈즈** gladiator shoes

발목까지 가죽끈으로 여러 번 동여매는 구두다. 영화 '글레디에이터'에
나왔던 로마시대 전사의 모습을 재현해서 붙여진 이름이다.

| 펌프스 | 플랫슈즈 | 메리제인 슈즈 | 슬링백 |
| 뮬 | 부츠 | 웨지힐 | 글레디에이터 슈즈 |

체형에 맞는 구두 스타일

① 짧고 통통한 다리에 통통한 발 모양

구두 선택이 까다롭고 신중해야 할 체형으로 가장 고민스러운 유형이다. 발등에 살까지 있다면 구두를 신으면 살이 삐져나오므로 깊게 파인 구두나 슬림한 디자인은 피한다. 이런 체형은 발등을 많이 감싸는 디자인을 선택해서 발등을 강조하지 않으며 심플한 디자인이 좋다. 예를 들어 메리제인 슈즈처럼 발등을 많이 감싸는 디자인은 앞코가 둥글고 발등에 가로로 끈이 있는 디자인이라 발등의 시선을 분산시켜 맵시 있게 보인다.

② 짧고 통통한 다리에 살이 없는 발 모양

발등에 살이 없고 슬림한 발 모양이라면 대부분 어떤 구두를 신어도 맵시가 나지만 다리가 통통하다면 날씬해 보이는 구두를 선택해야 한다. 가장 추천하고 싶은 디자인은 발등이 시원스럽고 깊게 파인 디자인이다. 예를 들어 스틸레토 힐처럼 발가락 사이가 살짝 보일 정도로 깊게 파인 디자인과 굽이 날씬한 것을 추천한다. 펌프스나 T스트랩 슈즈도 대체로 발등이 많이 노출되어 다리를 예뻐 보이게 한다. 부츠의 경우 어그부츠나 앵클부츠는 종아리가 굵어 보이므로 피한다.

③ 길고 날씬한 다리에 통통한 발 모양

가늘고 긴 다리지만 발이 통통하다면 발을 감싸는 디자인을 선택한다. 앞코가 둥근 모양에 발목을 감싸는 스트랩 슈즈는 긴 다리를 돋보이게 하고 통통한 발등은 커버해서 좋다. 발등이 아닌 발목에 끈이 있는 메리제이 슈즈도 잘 어울린다. 또한 가늘고 긴 다리라 로퍼나 부티도 길고 날씬한 다리를 강조해 잘 어울린다. 부츠는 어떤 디자인이라도 잘 어울린다.

④ 발이 통통하고 발볼이 넓은 발 모양

발가락이 퍼진 발 모양은 발볼이 넓어 앞코가 뾰족한 디자인은 가급적 피하는 것이 발 건강과 피로를 덜 수 있어 좋다. 하지만 발등에도 살이 있다면 앞코는 둥글고 긴 모양이면서 발등을 감싸서 발이 길어보여 발볼이 넓은 것을 감출 수 있다. 앞부분에 장식이 있는 펌프스 슈즈나 T스트랩의 끈에 장식이나 넓은 끈 그리고 어두운 색이 발등과 넓은 발 모양을 커버할 수 있다.

- 저녁에 구입한다.
- 아침보다는 발이 좀 부은 저녁시간에 구입해야 편안한 구두를 신을 수 있다. 아침에 고른 신발은 활동하면서 발이 부어 오후가 되면 조이고 불편할 수 있다.
- 구두는 앞코 1cm, 뒤꿈치는 0.5cm 정도 여유가 있어야 한다.
- 발가락을 움직일 때 너무 타이트하거나 움직임이 없으면 발가락에 부담이 되고 상처가 날 수 있다. 발가락이 심하게 조이는 느낌의 신발은 아무리 예쁜 디자인이라도 절대 구입하지 않는다.
- 한쪽만 신으면 안 된다.
- 발은 양쪽 사이즈가 조금씩 다르기 때문에 양쪽을 다 신어보고 불편함이 없는지 체크한다.
- 발에 닿은 구두라인을 충분히 살핀다.
- 구두를 신고 매장에서 충분히 걸어보는 것이 좋다. 충분히 테스트를 하지 않으면 구두 라인에서 불편함이 온다.
- 재질과 품질이 좋은 구두를 선택한다.
- 구두를 잘못 구입하면 발 건강과 스트레스, 통증으로 일상이 불편해질 수 있다. 예쁜 구두라도 인조나 저가 재질은 발 건강에 도움이 되지 못하며 오히려 스타일을 망치고 불편함을 준다.

3. 모자

모자는 추위나 더위로부터 머리를 보호하거나 장식적 또는 사회적 지위의 상징으로 머리에 쓰는 다양한 쓰개에 대한 총칭으로 평범한 차림을 패셔너블하게 연출할 수 있다. 머리를 덮는 부분의 크라운과 차양 역할의 테인 브림이 있는 것을 총칭하여 해트(hat)라 하고 테가 없고 차양이 있는 것을 캡이라고 한다. 얼굴에서 가장 가까운 위치에서 얼굴을 돋보이게 코디네이션할 수 있으므로 얼굴 모양, 헤어스타일, 의복과의 전체적인 조화를 고려하여 적절히 착용하면 효과적으로 연출할 수 있다.

모자의 종류

① **페도라** fedora

흔히 중절모라 불리며 정장과 가장 어울리는 디자인이다. 1920년대에
처음 나온 클래식 페도라는 부드러운 펠트천으로 만든다. 크라운 가운
데 부분에 주름이 있으며, 브림이 좁고 약간 휘감겨 올라간 스타일도
있다. 중절모는 카우보이 모자나 일반적인 해트(hat)에 비해 중후하고
고급스러운 분위기를 연출하며 바람을 막는 데도 효과적이다.

② **뉴스보이캡** news boy cap

크라운(둥근 머리통부분)이 자연스럽게 부풀려지고 작은 챙이 달린 디
자인이다. 헤링본이라 트위드 등의 소재로 많이 만들어지며 뉴스를 파
는 소년들이 썼던 모자 모양에서 유래된 이름이다.

③ **트래퍼** trapper

겨울에 주로 사용되는 모자로 모피 등의 fur소재가 주로 사용된다.
귀를 가릴 수 있는 것이 특징이다.

④ **볼러** bowler

원래는 영국 비즈니스맨의 정장차림에 쓰였던 모자로 둥근 크라운과
양옆이 약간 올라가는 좁은 브림이 달린 형태다. 주로 검정 패틀천으로
만들어지며, 1850년경 W. Bowler에 의해 디자인되어 이름 지어졌다.

⑤ **베레모** beret

둥그랗고 납작한 챙이 없는 형태의 모자로, 스페인과 프랑스의 바스코
지방에서 유래되었다.

⑥ **헌팅캡** hunting cap

원래는 사냥할 때 쓰도록 디자인된 것이다. 앞쪽의 캡이 눌려진 모자

윗부분과 닿아 있고 다소 거친 소재와 무늬로 쿨가이, 보이시걸의 이미지를 살릴 수 있는 아이템이다. 헌팅캡을 쓸 때는 챙이 똑바로 앞으로 오게 하기보다는 옆으로 살짝 돌려 쓰는 것이 더 세련돼 보인다.

⑦ **니트캡** knit cap

머리에 딱 맞는 둥근 모자, 혹은 뉴요커 스타일을 생각한다면 정확하다. 니트 모자는 보온효과가 뛰어날 뿐 아니라 시각적으로 따뜻한 느낌을 준다. 비니라고 불리는 모자는 보드용으로, 보통의 니트캡처럼 머리에 딱 붙는 디자인이다.

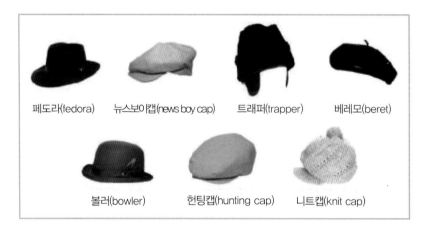

페도라(fedora)　　뉴스보이캡(news boy cap)　　트래퍼(trapper)　　베레모(beret)

볼러(bowler)　　헌팅캡(hunting cap)　　니트캡(knit cap)

얼굴형에 맞는 모자 스타일

① **각진 얼굴**

각진 얼굴형은 챙이 긴 캡모자를 쓰면 각진 얼굴의 시선이 모자로 분산된다. 이때 일자모양의 챙은 각진 부분을 강조할 수 있으므로 얼굴형이 부드러워 보일 수 있도록 구부러진 챙모자를 선택한다. 또한 각진 얼굴에는 와이드 플로피 해트가 잘 어울린다. 모자의 산이 동그랗고 클수록 모자의 색이 밝을수록 시선이 위를 향하기 때문에 얼굴형을 커버할 수 있다.

② 긴 얼굴

긴 얼굴형일 경우 모자의 산이 높으면 얼굴이 더욱 길어 보이기 때문에 푹 눌러쓰는 버킷해트를 선택하는 것이 좋다. 모자의 높이가 낮아야 얼굴이 짧고 작아 보이기 때문에 높이가 낮은 캡을 선택하는 것이 좋다.

③ 둥근 얼굴

얼굴이 둥글다면 각 잡힌 베레모를 쓰는 것이 좋다. 얼굴이 아닌 모자에 시선이 가서 상대적으로 둥글어 보이지 않는다. 또한 둥근 느낌을 없애주려면 일자 챙의 스냅백 또한 효과적이다. 시선이 앞쪽으로 가면서 얼굴이 균형감 있어 보이고, 각진 모자이기에 얼굴형이 둥글어 보이는 것을 보완해 준다.

④ 달걀형 얼굴

달걀형 얼굴은 대부분의 모자가 잘 어울리는 만능 얼굴형이다. 머리에 밀착되어 얼굴형을 강조하는 비니와 같은 모자도 웬만하면 소화가능하다.

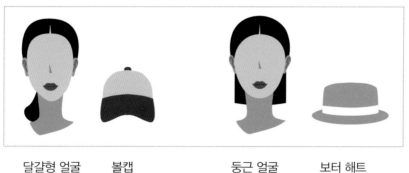

| 달걀형 얼굴 | 볼캡 | 둥근 얼굴 | 보터 해트 |
| (Oval) | (Ball cap) | (Round) | (Boater hat) |

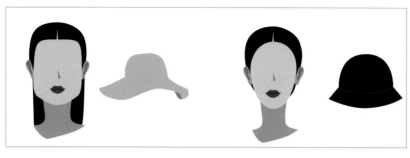

| 각진 얼굴
(Square) | 플로피 해트
(Floppy hat) | 긴 얼굴
(Long) | 버킷 해트
(Bucket hat) |

모자스타일링 연출 팁

- 피부톤이 밝은 편이면 대부분의 색이 잘 어울리지만, 피부가 어두운 사람은 회색, 카키색, 갈색 모자를 피해야 한다. 세 가지 색상은 얼굴을 더 어둡고 칙칙해 보이게 한다. 단색보다는 체크, 스트라이프 등 무늬가 들어간 것을 고르는 게 좋다.
- 휴양지에서는 모자의 선택폭이 넓어진다. 플로피 해트부터 파나마 해트까지 어떤 모자를 써도 어색하지 않기 때문에 좀 더 과감한 시도를 해볼 수 있다.
- 편안한 티셔츠와 리넨 소재의 반바지 등으로 캐주얼 차림을 할 때는 라피아 등의 소재로 만든 보터 해트가 적합하다.

4. 안경과 선글라스

안경

안경은 시력교정이나 시력보호를 위한 기능적인 측면뿐만 아니라 패션감각을 표현하는 한 방법으로 많이 사용하는 액세서리이다. 따라서 스타일에 맞춰서 안경을 바꿔 쓰는 것도 세련된 자기 연출법 중 하나이다. 특히 안경은 얼굴과 가장 가까이에 있는 소품이므로 안경테의 크기와 모양은 반드시 얼굴형과 조화를 이루어야 한다.

얼굴형에 맞는 안경 스타일

달걀형

만인이 부러워하는 대상인 달걀형의 얼굴은 대부분의 안경이 다 잘 어울리는 편이다. 그렇기 때문에 얼굴형에 맞춰 고르기보다는 분위기에 맞춰서 트렌디한 디자인으로 고르는 것을 추천한다.

긴 형

긴 얼굴형에는 라운드형의 안경이나 원형이 어울린다. 라운드나 원형의 안경테는 자칫 딱딱해 보일 수 있는 부분을 완화시켜 주고 길쭉해 보이는 선을 부드럽게 보여줄 수 있기 때문이다.

둥근형

둥근형의 얼굴은 달걀형과 비슷하게 웬만하면 모든 안경이 잘 어울리는 편이지만 그중 약간 각이 있는 안경이 좋다. 사각형의 프레임이 단점 보완에 좋고 전체적인 테는 두껍고 각진 라인을 추천한다. 피해야 할 디자인은 둥근 프레임의 안경이다.

각진 형

각진 얼굴의 경우 역시 각진 프레임의 안경테는 피한다. 둥근 형태나 라운드형으로 쓰는 게 단점을 보완할 수 있다. 테는 얇은 것으로 선택하는 것을 추천하며 약간 큰 사이즈로 선택하면 이미지가 부드럽게 보일 수 있다.

선글라스

안경과 비슷한 소품으로 사랑받는 것이 바로 선글라스이다. 선글라스를 패셔너블하게 착용할 줄 안다면 스타일의 상급자라고 할 수 있을 것이다. 선글라스 또한 안경과 마찬가지로 얼굴형과 조화를 이루는 것이 중요하며 얼굴색도 고려해서 선택한다. 굳이 다른 액세서리를 하지 않아도 잘 어울리는 선글라스 하나면 세련된 분위기를 연출할 수 있다.

얼굴형에 맞는 선글라스 스타일

사각형

사각형 얼굴은 자칫 딱딱해 보일 수 있기 때문에 사각 스타일은 가급적 피하는 것이 좋다. 부드러운 타원형 계열의 선글라스로 양끝이 살짝 올라간 캣아이형은 각진 얼굴을 효과적으로 커버할 수 있다. 뿔테 원형은 귀엽고 발랄한 느낌을 주고 오버형의 금테는 도시적이고 지적인 느낌을 줄 수 있다. 원형은 깔끔한 느낌으로 자기만의 개성을 살려 연출할 수 있다.

역삼각형

이마가 넓고 상대적으로 턱이 좁은 역삼각형 얼굴은 차가운 느낌이 든다. 넓은 이마를 커버할 수 있도록 타원형 계열과 둥근 원형 스타일이 잘 어울린다. 선글라스테의 윗부분이 강조된 스타일은 넓은 이마를 더욱 강조하므로 가급적 피하는 게 좋다. 원형이나 오버형, 모서리 부분이 둥근 사각 타입의 웰링턴형으로 시선을 분산시켜 턱이 뾰족해 보이는 것을 감추는 게 좋다.

달걀형

대부분의 모든 선글라스가 잘 어울리기 때문에 본인의 개성에 따라 파격적인 디자인을 착용해 보는 것도 좋다. 폭스형과 캣아이형 등 유행 감각에 맞게 자신만의 이미지를 드러내는 개성 위주로 착용하면 된다.

둥근형

편한 인상의 둥근형 얼굴은 단순하고 평범해 보일 수 있다. 가급적 둥근 선글라스는 피하고 각진 스타일과 폭스형 스타일이 적합하다. 비교적 선글라스가 잘 어울리는 스타일로 무난한 얼굴을 커버할 수 있는 화려한 디자인도 잘 어울린다. 플랫형, 폭스형을 착용하면 얼굴의 단점을 보완하고 샤프한 이미지를 연출할 수 있으며 귀엽고 어려 보이는 얼굴형은 라운드형 뿔테를 착용하면 지적인 이미지를 만들 수 있다.

긴 얼굴형

원형과 사각형, 폭스형, 웰링턴형으로 시선을 옆으로 돌려주는 것이 좋다. 긴 얼굴형에는 각진 테가 더 딱딱해 보일 수 있다. 이런 얼굴에는 동글한 스타일이 더 어울린다.

각진 얼굴형

달걀처럼 생긴 오버형 또는 맥아더 스타일 같은 역삼각타입이나 전체적으로 둥근 느낌이 나는 보스턴형으로 각진 부분을 커버한다. 억센 인상을 주기 때문에 각진 선글라스는 피한다. 파리형, 레이디형, 웰링턴형으로 얼굴선을 부드럽게 연출해 자기만의 개성을 살릴 수 있다.

긴 형　　　　사각형　　　　각진 형

달걀형　　　　둥근형　　　　역삼각형

피부톤에 맞는 선글라스 스타일

하얀 피부	• 밝은 원색 컬러의 선글라스 • 특히 퍼플 컬러 같은 과감한 컬러나 투명한 컬러 프레임은 깨끗하고 환한 피부를 한층 더 화사해 보이게 하는 효과가 있다.
노란 피부	• 베이직한 브라운 계열의 선글라스가 가장 무난하다. • 브라운 컬러는 노란 피부를 더 밝고 화사하게, 시크하게 연출한다. • 다크 브라운 계열은 럭셔리하고 여성스러움을 어필한다.
까만 피부	• 시크한 블랙 컬러의 선글라스 • 선글라스의 프레임은 어둡고 진하게, 스퀘어 타입보다는 둥근 타입이 좋다. • 카키 계열 선글라스도 무난하다.

선글라스를 선택할 때 체크포인트

● 얼굴 폭과 선글라스 프레임의 폭이 맞는 것을 고른다.

● 눈썹의 모양과 위치에 맞는 프레임을 고른다. 눈썹 위치가 딱 가려질 정도의, 혹은 눈썹의 반 정도가 가려지는 것이 적당하다.

● 브릿지의 두께를 확인한다. (브릿지는 좌우의 렌즈를 이어주는 코에 거는 부분) 브릿지가 깔끔하고 시원스러운 둥근 형태를 띤 디자인은 여성스럽고, 톱 라인이 직선적인 디자인은 개성 있고 강한 인상을 준다.

● 템플의 두께를 확인한다. (템플은 안경을 받쳐주는 소위 안경 다리 부분) 두께가 가는 템플은 여성스럽고 아름다운 옆모습을 연출해 주며, 두꺼운 템플은 쿨하고 캐주얼한 느낌을 연출해 준다.

브릿지가 둥근형	브릿지가 직선형	템플 두께가 가는 것	템플 두께가 두꺼운 것
여성스러움	남성스러움	엘레강스하고 여성스러움	캐주얼한 의상

5. 스카프와 머플러

스카프 Scarf

스카프는 목에 두르거나 머리에 쓰거나 어깨에 걸치는 것으로 보온 및 장식을 목적으로 한다. 직사각형이나 정사각형의 폭이 넓은 형과 좁은 형, 크기가 작고 큰 것 등으로 다양하며, 소재도 면, 마, 실크, 울 등 얇은 것부터 니트나 모피 등으로 매우 다양하다. 자연스럽게 어깨로 흘러내린 큰 숄이나 애교 있게 머리를 묶는 데 사용되는 스카프의 장식적 연출효과는 간과할 수 없을 만큼 대단하다. 스카프 하나를 솜씨 있게 표현하면 특별한 분위기를 만들 수 있고, 당신의 의상감각을 스포틱하게, 낭만적으로, 섹시하게, 또는 고급스럽게 색다른 분위기의 연출이 가능하다.

다양한 스카프 매는 법

길게 늘어뜨리기

가장 기본적인 스타일
패턴이 화려하거나 면, 마 등 두께감 있는 스카프를 이용하면 예쁨

1. 스카프를 길게 접는다.

2. 어깨에 길게 늘어뜨린다.

3. 재킷과 코디할 때는 양쪽으로 교차시켜 재킷 안쪽으로 끝을 넣는다.

어깨 매듭

스카프의 볼륨을 살리면서 발랄하게 연출할 수 있다. 데님 팬츠와 셔츠, 심플한 셔츠와 재킷 위에 코디하면 멋스러움

1. 스카프를 길게 접어 어깨에 두르고 안쪽 끝에 매듭을 만든다.

2. 다른쪽 끝을 매듭 안에 넣는다.

3. 한쪽 끝을 길게 해서 스카프 라인을 따라 꼬아준다.

어깨에 사선으로 묶기

큰 것보다는 작은 사이즈의 스카프를 이용할 것. 옆쪽으로 비스듬히 매치하면 발랄해 보임

1. 스카프를 반으로 접어 삼각형 모양으로 만든다.

2. 옆쪽으로 돌려 양쪽 끝을 교차시킨다.

3. 매듭을 지어 고정한다.

루스하게 뒤에서 묶기

클래식한 블랙 재킷에 매듭이 뒤로 가게 묶으면 홀더넥처럼 연출할 수 있음

1. 스카프를 길게 접는다.

2. 모서리가 되는 부분을 앞으로 놓고 목 뒤에서 느슨하게 두 번 묶는다.

삼각형 매듭

어깨에 살짝 늘어뜨려 삼각형으로 매는 스타일. 프린트가 화려한 스카프를 이용하면 우아해 보임

 1. 스카프를 접어 직사각형 모양으로 접는다.

 2. 그림처럼 사선으로 접는다.

3. 어깨에 걸친 다음 양 끝부분을 교차해서 묶는다.

넥타이 매듭

폭이 좁고 소재가 얇은 스카프를 선택하는 것이 요령. 목이 드러나는 옷이나 심플한 정장에 잘 어울림

 1. 스카프를 길게 접는다.

 2. 한쪽 끝에 매듭을 묶는다.

 3. 2의 매듭 안에 다른 끝을 넣고 매듭의 위치를 조절한다.

리본 묶기

투피스나 원피스에 어울리는 리본 묶기는 여성스러움을 한껏 살린다. 크기를 잘 조절하는 것이 노하우

 1. 스카프를 길게 놓고 2번 감는다.

 2. 가운데에 매듭을 짓는다.

 3. 리본을 묶은 다음 풍성하게 부풀린다.

꼬아서 묶기

캐주얼한 스타일에 잘 어울린다.
면이나 주름 있는 소재를 사용할 것

 1. 스카프를 양쪽으로 길게 접는다.

 2. 목에 두른 다음 두바퀴를 돌린다.

 3. 매듭의 끝을 사이에 넣고 꼬아준다.

두 번 돌려 보타이로 매기

스카프의 삼각형으로 접힌 부분이 앞으로 오게 해서 보타이처럼 연출할 것

 1. 스카프를 삼각형 모양으로 접는다.

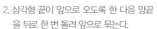 2. 삼각형 끝이 앞으로 오도록 한 다음 양끝을 뒤로 한 번 돌려 앞으로 묶는다.

 3. 매듭의 끝부분을 살짝 벌린다.

꽃 모양 매듭

가슴이 길게 파인 니트나 여성스러운 블라우스에 잘 어울린다. 실크나 패턴 소재의 정사각형 스카프를 활용할 것

 1. 목에 두른 다음 그림처럼 접는다.

2. 짧은 쪽으로 접힌 부분을 잡아 리본 모양을 만든다.

3. 리본 부분을 뒤집어 꼬아 꽃 모양을 만든다.

머플러 Muffler

목에 두르는 것으로 방한용의 경우 머플러라 총칭한다.

● 배용준식

① 한쪽은 짧게 다른 한쪽은 길게 목에 건다.
② 긴 쪽으로 목을 한번 감아 공간을 만든다.
③ 감지 않은 쪽의 머물러를 원 안으로 공간을 두고 넣는다.
④ 공간이 생긴 곳으로 목을 감은 머플러 쪽을 교차하듯 넣어서 당긴다.

● 클럽노트

① 한족은 짧게, 다른 한쪽은 길게 목에 건다.
② 긴 쪽을 원 안쪽으로 넣어 바깥쪽으로 빠져나오게 한다.
③ 빠져나온 쪽으로 짧은 쪽을 감아 사이로 한쪽을 빼어 고리를 만든다.
④ 고리 사이로 두 쪽을 교차시켜 매듭의 모양이 흐트러지지 않게 당긴다.

● 프렌치 노트

① 한쪽은 짧게 다른 한쪽은 길게 목에 건다.

② 긴 쪽을 원 안쪽으로 넣어 바깥쪽으로 빠져나오게 한다.

③ 감지 않은 쪽으로 휘감아 두 목도리가 겹치는 사이로 넣는다.

④ 목도리의 모양이 흐트러지지 않게 조심해서 당긴다.

● **하이랩**

① 한쪽은 짧게 다른 한쪽은 길게 교차시킨다.

② 긴 쪽을 원 안쪽으로 넣는다.

③ 다른 한쪽으로 빠져나온 머플러 부분을 휘감아 두 자락 사이에 생긴
   공간으로 넣어 당긴다.

● **룰노트**

① 양쪽의 길이가 같게 목에 건다.

② 양쪽에서 한쪽 끝으로 다른 한쪽을 감아 앞쪽으로 늘어뜨린다.

③ 앞쪽 자락이 뒤쪽 자락을 감추게 길이를 맞춘다.

Chapter 13

슈트 코디네이션

Chapter 13

슈트 코디네이션

1. 슈트(Suits)

슈트는 영국 빅토리아 시대에 상류계급 사람들이 입었던 옷에서 유래되어 '라운지 슈트' '색 슈트'라고도 불렸다. 1860년대 중반에 오늘날 슈트의 전신으로서 한 가지 직물로 이루어진 재킷, 조끼, 바지의 앙상블이 탄생했고 테일러드한 남성복과 비슷한 스리피스의 슈트가 왕성하게 착용되었던 것은 1890년대부터이다.

이후 미국의 기성복 업계와 영화산업의 발전은 슈트를 전 세계에 보급하는 데 견인차 역할을 하였다. 슈트는 일반적으로 상하의를 같은 천으로 만든 한 벌의 정장용 복장을 말한다.

남성 슈트는 대개 재킷, 조끼, 바지로 구성되며, 여성 슈트는 재킷, 스커트나 바지로 구성된다. 슈트는 원래 남자의 양복으로 등장하였지만 오늘날 남녀 모두 일반적으로 착용하는 정장용 복장이 되었다. 남성 슈트나 여성 슈트를 착용할 때는 그 슈트에 어울리는 복장과 소품을 갖춰 입는다.

슈트는 용도별로 타운, 카테일, 이브닝, 디너, 드레스, 비즈니스, 라이딩 슈트 등으로, 형식별로 벨티드, 튜닉, 팔토, 샤넬, 테일러드, 카디건, 케이프, 셔츠, 더블 브레스티드 슈트 등으로 종류가 매우 많고 다양하다.

2. 남성 슈트(Suit)

슈트의 종류

① 브리티시 스타일 슈트

세계적으로 가장 전통 있는 영국의 '새빌로'(런던 리젠트가의 유서 깊은 최고급 양복점이 모여 있는 거리) 스타일로 고전적이다. 전체적인 보디라인의 흐름을 자연스럽게 반영하는 균형미에 중점을 두고 있다. 가장 큰 특징은 몸에 피트된다는 것과 다소 딱딱해 보이는 어깨, 그리고 가슴의 다부짐을 강조하도록 허리가 들어간 것이다. 어깨 각이 높이 솟고 허리 양옆의 사이드 벤트로 활동성을 강조한 클래식 스타일이다. 이러한 슈트가 세계로 퍼져서 현대 슈트의 원형이 되었다.

② 이탤리언 스타일 슈트

영국의 균형미와 유럽의 곡선미, 미국의 편안함을 조화시켜 '클라시코 이탈리아'라 부르는 독자적인 스타일을 만들어냈다. 1950년대에 확립된 최신 스타일로 여유 있으면서도 인체의 곡선을 잘 나타내고 있다. 어깨너비가 넓고 허리선이 약간 들어간 스타일로 편안하면서도 세련된 감각을 나타낸다. 바지는 허리선이 낮으며 비교적 꼭 맞는다.

③ 아메리칸 스타일 슈트

미국의 실용주의가 잘 반영된 스타일로 활동하기 편하고 기능적인 면을 중시한다. 부드러운 어깨선과 직선적인 허리선에 플랩 포켓이 있고 한 개의 뒤트임과 3~4개의 단추가 있는 형태였던 것이 지금은 단추가 두 개로 줄었으며, 라펠은 더 길고 소매가 좁으며 허리가 약간 들어간 형태로 점차 변화되었다. 어떤 체형의 사람이라도 입을 수 있도록 허리를 조이지 않는 편안한 박스 실루엣과 어깨 라인에 따라 자연스럽게 흐르는 내추럴 솔더가 큰 특징이다. 미국의 합리주의에서 생겨난 대량생산복으로 기성 슈트의 개척자라고 할 수 있다.

④ 유러피언 스타일 슈트

유럽인들의 자유분방하면서도 격식을 엄격히 따지는 경향으로 대체적으로 허리선의 윤곽이 드러나는 형태이며 약간 경직된 느낌의 실루엣을 보인다. 각진 어깨와 좁은 소매, 가슴에서 엉덩이까지 꼭 맞는 형태로 2개의 단추가 달린 싱글 여밈에 뒤트임이 없는 것이 특징이다.

| 브리티시 | 아메리칸 | 유러피언 | 이탤리언 |

슈트의 디테일

남성복의 실루엣은 슈트의 길이, 소매길이, 여밈의 종류, 어깨와 칼라의 넓이, 트임의 형태에 의해 나타나고, 이 중 트임은 남성복 스타일에 많은 영향을 준다.

슈트는 단추가 앞중심선에 한 줄로 달린 싱글 브레스티드(Single Breast)와 두 줄로 달린 더블 브레스티드(Double Breast)로 구분된다. 싱글 브레스티드는 버튼 수에 따라 원버튼, 투버튼, 스리버튼으로 나뉜다. 원버튼 재킷은 버튼 위치가 중심에 있어서 다리가 길어 보이고 허리 라인을 슬림하게 잡아주는 효과가 있다. V존이 넓어 캐주얼 스타일에 적합하지만 격식을 차리는 중요한 자리에선 피하는 게 좋다. 다음으로 가장 대중화된 형태인 투버튼 재킷은 V존이 적당해 체형 단점 커버효과가 뛰어나고 절제된 깔끔한 느낌을 줄 수 있다. 스리버튼 재킷은 V존이 좁아지지만 베스트까지 잘 갖춰 입으면 가장 클래식한 느낌을 줄 수 있는 스타일이다.

원버튼 싱글 브레스티드   스리버튼 싱글 브레스티드   더블 브레스티드

남성 슈트의 용어

① 라펠(Lapel)

남성의 슈트는 유행에 크게 반응할 것 같지 않지만, 유행을 가장 민감하게 받아들이는 곳이 라펠이다. 라펠은 때로는 넓어지기도 하고 좁아지기도 하면서 슈트의 디자인을 주도한다.

● **노치트 라펠** Notched Lapel

가장 보편적이고 대중적인 스타일이다. 칼라와 라펠의 경계선이 적당히 벌어진 모습이다. 보통 싱글재킷에 많이 활용되며 형태의 크기에 따라 실루엣이나 분위기가 크게 달라진다. 라펠이 크면 웅장한 느낌을 줄 수 있다. 하지만 라펠 자체가 부드러운 모양이라 강렬한 인상을 주기는 어렵다.

● **피크트 라펠** Peaked Lapel

라펠이 삐죽하게 솟은 형태를 말한다. 평범한 슈트보다는 드레시한 슈트에 잘 어울린다. 대체로 싱글 브레스티드보다는 더블 브레스티드 재킷에 많이 사용된다. 단 화려한 패턴 셔츠나 타이와 매치하면 매우 촌스러워 보일 수 있다.

● **숄 라펠** Shawl Lapel

숄을 걸친 것같이 보이는 형태이다. 숄 롤(Shawl roll)이라 불리기도 한다. 숄 라펠은 턱시도나 연미복에 많이 이용되고, 원버튼 싱글 브레스티드 재킷에 많이 쓰인다. 포멀한 형태를 연출할 때 가장 완벽하고 세련돼 보인다. 오늘날의 결혼식에서 많이 활용된다.

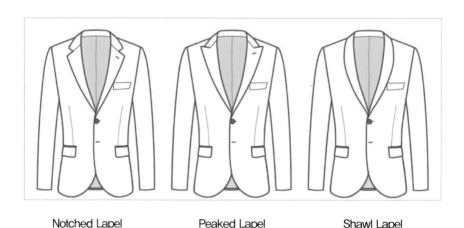

Notched Lapel   Peaked Lapel   Shawl Lapel

② **고지라인(Gorge Line)**

칼라와 라펠을 이어주는 봉제선을 말한다. 고지라인의 위치에 따라 재킷의 이미지가 변하기 때문에 라펠과 함께 재킷의 이미지를 결정하는 중요한 요소이다. 고지라인이 너무 낮으면 재킷의 밸런스가 아래쪽으로 형성되어 처져 보이고, 너무 높으면 가슴이 부각되어 보일 수 있다. 고지라인은 트렌드에 따라 변하기도 하는데 일반적으로 이탈리언 슈트는 높고, 영국식 슈트는 낮다. 가장 이상적인 고지라인은 셔츠 깃의 중간에 위치할 때이다.

③ 플라워 홀(Flower hole)

라펠의 단춧구멍이다. 배지나 부토니에르 등을 달 수 있는 용도이며, 버튼홀(button hole)이라고도 부른다.

④ 암홀(Arm hole)

암홀은 소매와 몸판을 연결하는 즉 팔이 들어가는 부분이다. 암홀의 높낮이는 재킷의 활동성에 지대한 영향을 미친다. 입체적으로 소매가 붙는 부분이 딱 맞으면 소매를 올리거나 내려도 슈트의 형태는 흐트러지지 않는다. 결국 입었을 때의 느낌은 물론 겉모습의 인상도 크게 좌우하는 중요한 포인트라 할 수 있다. 또한 아름다운 어깨선을 만들기 위해 많은 부재료와 고도의 봉제기술이 구사되고 있다.

⑤ 체스트 포켓(Chest pocket)

포켓 스퀘어(행커치프)를 꽂는 포켓이다. 특히 이탈리언 슈트 디테일의 특징으로 체스트 포켓을 직선으로 처리하지 않고 곡선으로 디자인한다.

⑥ 포켓(Pocket)

● **파이핑 포켓** Piping Pocket

포켓의 가장자리에 같은 소재 혹은 다른 소재로 라이닝 처리한 것을 말한다. 깔끔하고 단정한 느낌을 내기에 좋다. 포멀한 슈트에 많이 쓰인다.

● **체인지 포켓** Change Pocket

티켓 포켓(Ticket Pocket)이라고도 하며 주머니 위에 작은 주머니가 달린 것이 특징이다. 체인지는 원래 거스름돈을 의미하므로 동전을 넣기 위해 만들어졌다.

● **슬랜트 포켓** Slant Pocket

해킹 포켓(Hacking Pocket)이라고도 하며 원래는 승마할 때 손을 넣기 편리하도록 고안된 디자인으로 비스듬한 주머니가 있다.

● **플랩 포켓** Flap Pocket

주머니에 커버가 있으며 플랩이 있으면 보다 안정적이고 보수적인 인상을 준다. 한쪽 플랩은 나와 있는데 다른 쪽 플랩이 안으로 들어간 상태가 되지 않도록 주의한다.

● **패치 포켓** Patch Pocket

'밖으로 나와 있다' 하여 아웃 포켓이라고도 하며 옷감을 붙여서 만드는 주머니로 캐주얼한 디자인에 많이 사용된다. 캐주얼한 상의 재킷에 사용되는 방식으로 스포티한 느낌을 준다.

● **패치&플랩 포켓** Patch&Flap Pocket

서류 봉투와 닮았다고 하여 '봉투'라는 뜻을 가진 엔벨로프 포켓(Envelope Pocket)이라고도 하며 패치 포켓에 플랩을 단 것으로 아메리칸 스타일의 디자인으로 캐주얼하게 입는 것이 포인트이다.

⑦ 브이존(V-zone)

재킷의 깃이 V자 형태를 이루는 얼굴 아래의 역삼각형 공간을 말한다. 셔츠와 타이, 재킷이 조화를 이루는 포인트가 되는 영역으로 슈트를 입을 때 중요한 부분이다.

⑧ 프런트 커트(Front Cut)

재킷의 앞자락에서 서로 겹치는 아랫단 부분의 모양이다. V존의 반대로 형성되기 때문에 속칭 '역V존'이라고도 한다. 싱글 브레스티드 재킷은 큰 활 모양을 그리는 것이 주류이고, 더블 브레스티드 재킷은 대부분 직사각형 스퀘어 커트(Squre cut)가 주를 이룬다.

⑨ 벤트(Vent)

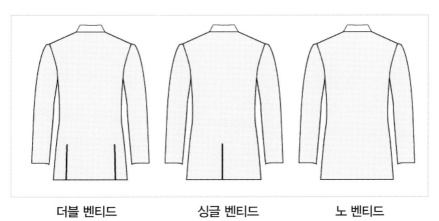

더블 벤티드   싱글 벤티드   노 벤티드

벤트는 재킷 뒤 혹은 옆부분의 트임을 말한다. 벤트는 기본 유형이 시대와 유행에 따라 달라진다. 트임에 따라 더블 벤티드 스타일(Double Vented Style), 싱글 벤티드 스타일(Single Vented Style) 및 노 벤티드 스타일(No Vented Style)의 세 가지로 나누어진다.

슈트의 명칭

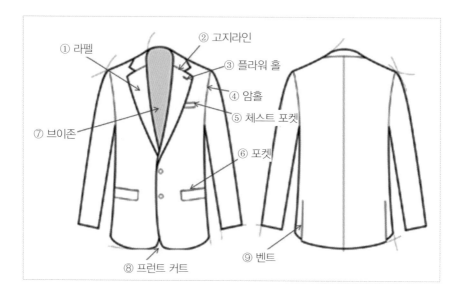

① 라펠
② 고지라인
③ 플라워 홀
④ 암홀
⑤ 체스트 포켓
⑥ 포켓
⑦ 브이존
⑧ 프런트 커트
⑨ 벤트

셔츠(Shirts)

슈트 안에 입는 옷을 '와이셔츠'라고 부르는데, 이는 일본 사람들이 화이트 셔츠를 잘못 발음한 데서 생겨난 말이다. 정식 명칭은 셔츠 또는 드레스 셔츠이다. 셔츠는 슈트와 함께 남성을 상징하는 패션으로 눈에 많이 띄는 부분이다. 서양에서는 원래 속옷 개념으로 등장한 것이라 그 안에 러닝셔츠를 입는 것은 결례이다. 셔츠는 100% 면으로 만든 것이 가장 이상적이다. 하지만 잘 구겨지는 단점이 있어 혼방이 나오게 되었다. 이때 면 혼합률이 50% 이상만 되면 속옷의 기능을 제대로 할 수 있다.

잘 맞는 셔츠의 넥밴드는 둘째손가락을 넣을 수 있는 정도의 여유가 있어야 하고, 셔츠의 품은 너무 넓지 않아야 하며, 길이는 허리 아래로 최소 15cm는 내려와야 상체를 움직이는 경우 셔츠가 빠져나오지 않는다. 소매는 재킷 아래로 1~1.5cm 정도 보이는 것이 적절하다.

셔츠의 칼라 종류

● **와이드 칼라** Wide Collar

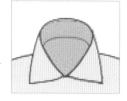

칼라의 각이 90도 이상 벌어진 칼라. 1930년대 영국의 윈저 공이 애용한 것에서 일명 '윈저 칼라' 라고도 한다. 가장 포멀한 타입이어서 캐주얼한 재킷에는 어울리지 않는다.

● **세미 와이드 칼라** Semi-wide Collar

와이드 칼라 셔츠보다 칼라 끝이 짧고 각도가 넓은 형태이다. 영국 신사 정장 느낌의 드레시한 슈트가 잘 어울리고 넓은 넥타이가 잘 어울리는 셔츠이다.

● **레귤러 칼라** Regular Collar

남성 정장에서 가장 많이 사용되는 표준적인 타입. 넓지고 좁지도 않은 넓이라 누구나 잘 어울리고 어떤 스타일의 슈트에도 구애받지 않고 잘 소화된다.

● **라운드 칼라** Round Collar

칼라의 깃이 둥근 형태로 주로 승마복 등의 스포츠 재킷 속에 잘 어울리고 부드러운 인상을 준다. 특별한 자리에 잘 차려 입으면 고급스럽고 드레시한 이미지를 연출할 수 있다.

● **버튼다운 칼라** Button-down Collar

칼라 끝을 버튼으로 고정시킨 칼라로 드레스 셔츠뿐만 아니라 캐주얼 셔츠에서도 많이 볼 수 있는 스타일이다. 젊고 활동적인 이미지를 연출할 수 있으며 버튼은 반드시 채우고 입어야 한다.

● **클레릭 칼라** Cleric Collar

셔츠의 몸통 부분에는 컬러나 줄무늬 등의 원단을 사용하고 칼라와 커프스 부분에는 배색 원단으로 포인트를 준 셔츠다. 칼라 끝이 라운드 처리되어 부드러운 인상을 주고 소재나 모양에 따라 캐주얼한 분위기에서 포멀한 분위기까지 연출할 수 있다.

● **핀홀 칼라** Pin-hole Collar

셔츠 깃을 핀으로 조여 입는 스타일이다. 핀을 빼면 레귤러 칼라와 같아진다. 타이를 제자리에 모아주기 때문에 단정해 보인다.

● **커터웨이 칼라** Cutaway Collar

다른 말로 '호리존틀 칼라(horizontal collar)라고도 한다. 칼라 각도가 180도 이상 열린 칼라를 의미하는 커터웨이 칼라는 격식을 차리는 중요한 자리에 어울린다.

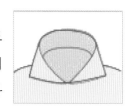

● **탭 칼라** Tab Collar

칼라 끝에 달린 탭을 걸면 넥타이를 고정시켜 깔끔하고 편안해 보인다. 클래식의 정석 윈저 공이 미국 방문 때 처음 선보인 것으로 '프린스 오브

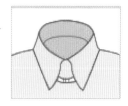

웨일스 칼라'라고도 부른다.

커프스(Cuffs)의 종류

● **싱글 커프스** Single Cuffs

기본 셔츠에서 흔하게 볼 수 있다. 소매가 홑겹으로 되어 있고 단추가 한 개일 경우도 있지만 두 개일 경우에는 폭을 조절할 수 있다.

● **더블 커프스** Double Cuffs

소매가 두 겹으로 되어 있으며 양쪽 소맷단 끝부분에 홀(구멍)이 있어서 커프스 버튼으로 잠글 수 있다. 클래식하고 세련된 디자인이다.

● **턴업 커프스** Turn-up Cuffs

소매가 장식용으로 두 겹으로 되어 있을 뿐 실제로 커프스 버튼을 따로 준비할 필요가 없다. 독특함과 우아함을 겸한 스타일이다.

● **컨버터블 커프스** Convertible Cuffs

커프스 버튼과 일반 버튼을 같이 사용할 수 있어서 편리한 장점이 있으며 가장 보편적인 커프스 패턴이다. 끝단이 약간 둥글게 되어 있어서 굴림 커프스라고도 한다.

● **스퀘어 커프스** Square Cuffs

가장 보편적인 소매 패턴이며 단추가 두 개 정도 달려 있어서 폭을 조절할 수 있고 무난한 디자인이다.

● **어저스터블 커프스** Adjustable Cuffs

소매 끝단부분을 V자 형태로 잘라낸 듯한 모양
으로 캐주얼함이 돋보인다. 라운드 커프스와 마
찬가지로 많이 선호하는 스타일로 드레스 셔츠에
도 폭넓게 활용된다.

셔츠 에티켓

● **격식 있는 자리에서 셔츠 차림은 피한다.**
셔츠는 본래 슈트의 속옷 역할을 한다. 따라서 격식 있는 장소에서 셔츠 차림으
로 있는 것은 속옷 차림으로 앉아 있는 것이 되기 때문에 절대 하지 말아야 한다.

● **반팔 셔츠는 슈트와 함께 입지 않는다.**
날씨가 더워지면 반팔 셔츠에 슈트를 입고 다니는 것을 자주 볼 수 있는데, 원칙
적으로 반팔 셔츠는 캐주얼용이지 슈트와 함께 입을 수 없는 아이템이다.

● **셔츠 주머니에 아무것도 넣지 않는다.**
셔츠 주머니는 장식용이다. 따라서 셔츠 주머니에 펜이나 명함, 담배 등을 넣는
것은 예의에 어긋날 뿐만 아니라 스타일에도 도움이 되지 않는다.

팬츠(Pants)

신사복의 바지는 보통 허리 부분에 만들어진 플리츠라는 1개 또는 두
개의 주름으로 허리 주위에 여유를 갖게 하기 위해 고안된 디테일로 나뉜
다. 바깥을 향해 주름이 열려 있는 것을 아웃 플리츠라 하고 안쪽을 향해
있는 것을 인 플리츠라고 한다. 최근에는 노 플리츠 팬츠가 슈트의 주류
인데 몸에 딱 맞는 타이트 실루엣을 만들어 다리가 날씬해 보이는 효과가
크다. 구두 굽에 따라, 종류에 따라 차이는 있지만 보통 팬츠의 앞부분이
구두 등을 살짝 덮는 길이가 적당하다. 바지의 밑단은 하프 쿠션이

노 플리츠 팬츠   플리츠 팬츠

라 불리는 길이가 이상적이다. 바지의 단이 윗부분에 살짝 닿을 정도로 약간 패인 상태를 말한다. 바지 밑단이 너무 길어서 처짐이 많은 것은 슈트에서 금물이다. 바지 넓이는 신발을 3/4 가리는 정도가 적당하고 엉덩이 부분을 약간 여유 있게 입어야 앞주름과 주머니가 벌어지지 않는다.

베스트(Vest)

베스트는 조끼를 뜻하는 말로 댄디한 스타일이나 캐주얼룩 등 어디든지 매치가 가능하다. 베스트는 몸에 꼭 맞게 입고 바지의 허릿단을 감추면서도 슈트의 맨 윗단추를 채웠을 때 브이존 위로 조끼가 살짝 보이는 것이 정석이다. 맨 아랫단추는 채우지 않는 것이 격에 맞는 연출이며 활동하기에도 편하다. 베스트 앞면은 슈트와 같은 소재로 만들고 뒷면은 슈트 상의의 안감과 같은 소재로 만든다. 뒷면에는 품을 조절할 수 있도록 벨트가 있으며 주머니는 전통적으로 허리 위에 얇은 주머니 2개, 가슴 부위에는 깊은 주머니 1개로 총 3개가 있다.

액세서리

① 넥타이(Necktie)

넥타이는 슈트 스타일에서 가장 중요하다고 할 수 있는 V존 중에서도 하나의 선택으로 스타일 전체의 인상이 확 달라지는 민감한 아이템이다. 넥타이는 신장과 체격에 따라 길이와 색상을 고르도록 하고, 유행에 따라 폭, 문양이 변한다. 키와 체격이 큰 남성의 경우, 차가운 색 계열의 작은 무늬나 페이즐리 무늬를 선택하여 윈저노트를 매는 것이 좋다. 키가 작고 체격이 큰 남성은 스트라이프나 솔리드를 선택하고, 키가 작고 마른 체형은 따뜻한 색 계열의 넥타이를 선택하는 것이 좋다. 비즈니스 상황에 맞는 타이를 선택하며 좋은 인상을 주자.

● **솔리드**

아무 무늬도 없는 단색을 뜻하는 것으로 무늬 없는 셔츠 위에 매고 역시 무늬 없는 슈트를 입으면 최고의 코디네이션이 될 수 있으나 색감과 질감을 조금만 잘못 맞춰 입으면 아주 촌스러운 차림이 되므로 주의를 요한다.

● **도트**

점이 규칙적으로 배열된 것으로 점이 작을수록 세련미가 돋보이며 슈트에 들어 있는 줄무늬 색을 바탕으로 하고 그 위에 강렬한 보색의 점이 찍힌 타이를 매면 아주 멋진 코디네이션이 된다.

● **크레스트**

가문이나 특정단체의 문장을 무늬화한 것으로 이름 그대로 투구나 모자에 꽂는 깃털장식이 그 어원이며 귀족의 특권을 나타내는 것이다. 로열 크레스트는 크레스트와 줄무늬가 합쳐진 것을 말한다.

● **페이즐리**

영국 스코틀랜드 페이즐리 지방에서 유래한 아메바 무늬의 프린트 패턴을 말하는 것으로 대체로 나이드신 분들이 즐겨 매는 고전적 스타일이지만 색상만 잘 고르면 젊은 층도 잘 어울린다.

● 스트라이프

사선무늬를 말하는 것으로 영국식은 오른쪽 위에서 왼쪽 아래로, 미국식은 그 반대로 사선이 있으며 줄의 간격과 색상을 다양하게 변화시킬 수 있어 가장 사랑받는 아이템이다.

● 체크

체크 타이는 간편해 보이나 잘못 매치할 경우 촌스러워 보일 수 있기 때문에 코디하기 쉽지 않은 아이템이다. 색상이 비슷한 슈트와 매치하거나 과감하게 보색대비를 줄 때 착용하는 것이 좋다.

● 니트

니트 타이는 젊은 세대가 캐주얼하게 착용하는 스타일이다. 여름에는 굉장히 더워 보이고 넥타이를 맬 때 모양을 잡기가 쉽지 않다.

상황별 타이 패턴 체크

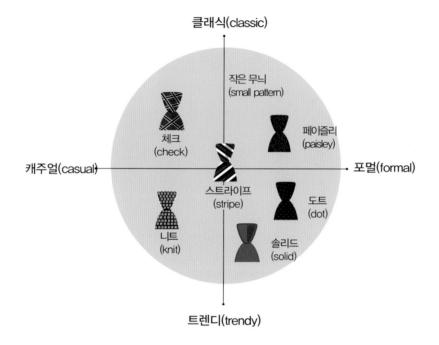

기본 타이 매는 법

● 플레인 노트

플레인 노트는 가장 기본적인 넥타이 매듭법이다. 매듭의 크기가 작고
캐주얼한 느낌이 많아 보통 버튼다운 칼라 셔츠에 많이 사용된다. 레
귤러 칼라 셔츠나 칼라에 핀 장식이 있는 핀 홀 칼라 등은 매듭의 폭이
넓지 않은 플레인 노트가 어울린다.

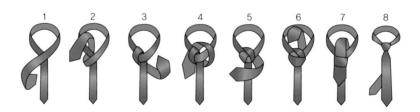

● 더블 노트

더블 노트는 부드럽고 풍성한 느낌을 주는 매듭이다. 칼라가 좁은 듯한 롱 칼라 셔츠에 어울리며, 개성 있게 연출하고 싶을 때 적합하다. 플레인 노트와 기본적인 순서는 같지만, 포인트는 매듭을 두 겹으로 하는 것으로 마지막에 폭이 넓은 쪽을 두 겹의 매듭 사이로 통과시켜 매듭에 자연스러운 딤플을 만들어 완성한다.

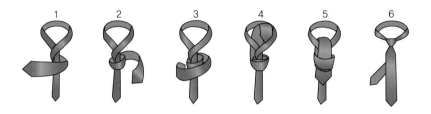

● 윈저 노트

윈저 노트는 윈저 공이 창안한 넥타이 연출법으로 와이드 스프레드 칼라에 잘 어울린다. 클래식한 매듭법으로 매듭이 커지면 품위가 떨어지므로 두툼한 넥타이는 피하는 게 좋다. 다른 것과 마찬가지로 마지막에 매듭에 예쁘게 딤플이 생길 수 있도록 정돈해서 완성한다.

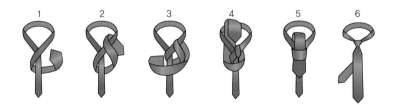

● 세미 윈저 노트

윈저 노트의 매듭을 좀 작게 만든 것으로 하프 윈저 노트라고도 부른다. 볼륨감 있는 넥타이는 윈저 노트와 비슷한 느낌을 줄 수 있고 심이 얇은 넥타이로 연출하면 플레인 노트와 같은 단순한 느낌을 줄 수 있다.

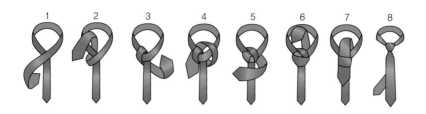

② 구두(Shoes)

구두는 발등 부분의 모양에 따라 인상이 크게 달라지기 때문에 TPO(시간, 장소, 상황)에 따라 구분해서 신는다. 벨트와 구두, 양말의 색을 슈트와 같은 계열로 맞추고 양말은 슈트보다 어두운 것을 착용하는 것이 좋다. 검은색, 회색, 청색 계열의 슈트에는 검은색 구두를, 브라운색, 올리브 그린 계열의 슈트에는 브라운색 구두를 신는 것이 가장 일반적이며, 특별한 경우라도 기본색상의 구두를 신는 것이 기본이다. 구두를 처음 구입했을 때는 신기 전에 반드시 구두약을 묻혀 충분히 닦아주는 것이 좋다. 구두에 얇은 막이 형성돼 더러움과 습기를 막을 수 있기 때문이다. 가죽은 습기를 흡수하므로 한번 신은 구두는 하루 이상 말려 신는 것이 위생적이며 구두의 수명도 길게 할 수 있다.

남성구두의 종류

● 스트레이트 팁 Straight Tip

세미브로그(semi-brogue)라고도 불리며 구두코에 구멍이 뚫린 장식이나 바늘땀이 일직선으로 둘러진 구두이다. 신사 구두의 대표적인 디자인으로 클래식한 분위기를 풍긴다. 특히 검은색은 공식적인 장소는 물론 관혼상제 등 어느 때나 어울리는 구두이다.

● **플레인 토** Plain Toe

구두코에 아무런 장식이 없는 디자인으로 대부분의 남성이 즐겨 신는 기본 형태의 구두이다. 비즈니스용 슈트에 잘 어울리고 스포티한 차림까지 폭넓은 경우에 사용할 수 있다.

● **윙팁** Wing Tip

구두코에 있는 브로그(brogue) 디자인이 마치 날개를 펼친 새의 모양을 닮았다 하여 그 이름이 붙었다. 비즈니스맨들이 즐겨 신는 스타일로 캐주얼 차림에도 잘 어울린다. 구두코에 있는 구멍 장식은 비가 자주 오는 영국의 날씨 때문에 배수를 위해 구멍을 뚫었던 것으로 요즘은 실제로 뚫려 있지 않다.

● **멍크 스트랩** Monk Strap

벨트 같은 고리, 즉 스트랩으로 발등 부분을 장식한 구두를 말한다. 매끄러운 라인과 금속 버클 장식이 특징이며 이름에서 알 수 있듯이 수도사들이 신은 신발에서 유래하였다. 끈 없는 구두 중에서 유일하게 슈트와 함께 신을 수 있는 모델이다.

● **태슬** Tassel

신발 등에 술장식을 단 신발을 말한다. 원래는 궁정 내에서 신었던 실내화의 일종으로 드레시한 슈트와 캐주얼에 모두 잘 어울린다.

- **U팁** U-TIP

  영국 컨트리 슈즈를 기원하며 U자의 모카신 봉제
  가 덧씌워진 것으로 단정한 모습이다. 캐주얼한
  의상에 잘 어울린다.

- **슬립 온** Slip-On

  기본 디자인이 굽이 낮고 발등을 덮는 스타일로
  발등부분을 끈으로 고정하지 않고 절개선으로 장
  식되어 있다. 로퍼는 원래 게으른 사람이 실내용
  으로 아무렇게나 신는다는 의미에서 그 이름이
  붙여졌다. 캐주얼한 의상에 어울리며 클래식 슈
  트 차림에는 금물이다.

③ 가방(Bag)

 슈트를 입을 때는 손으로 들 수 있는 가방이 적합하다. 간결한 라인의
브리프케이스를 들었을 때 비즈니스맨으로서 완성된 모습이 연출되는 것
이다. 클래식함을 원한다면 브리프케이스를 매치하고, 트렌디함을 원한
다면 고급스러워 보이는 가죽 토트백을 매치한다. 이런 작은 차이가 전체
적인 실루엣을 완성시켜 준다.

- **포트폴리오** Portfolio

  간단한 서류나 소지품을 휴대하기 위한 것으로
  핸들이나 어깨끈이 없고 손으로 들거나 옆구리
  에 끼고 다닐 수 있도록 되어 있는 편리한 용도
  의 서류가방이다. 반드시 좋은 가죽으로 만든 것
  을 구입하고 두께는 최대한 얇은 것이 좋다.

● 브리프 케이스 Briefcase

브리프케이스는 손잡이가 달린 가장 일반적인 스타일의 서류가방으로 폴리오 케이스라고도 한다. 손잡이의 형태, 여밈방식, 폭에 따라 다양한 종류로 나뉜다. 서류파일 이외에도 계산기, 명함 등을 넣을 수 있는 여러 주머니가 부착되어 다용도 가방으로 쓰인다.

● 아타셰 케이스 Attache Case

아타셰는 프랑스어로 공사관 직원이라는 뜻이 있다. 중요한 서류를 넣어 보관, 이동해야 하는 직업이기에 이런 명칭과 함께 잠금장치가 달려 있다. 일명 007가방이라 불리며 각진 모양과 잠금장치가 두드러진 특징이다. 아타셰 케이스는 여행 또는 비즈니스 출장용으로 쓰인다.

● 토트백 Tote Bag

토트백은 윗부분이 트이고 한쪽에 하나씩 총 두 개의 손잡이가 달린 가방이다. 기존의 남성용 토트백은 캐주얼한 스타일이 주를 이뤘지만 최근 가죽 소재에 심플한 디자인으로 출시되는 상품들은 슈트에 매치하면 보다 세련되면서도 도시적인 분위기를 낼 수 있다.

● 메신저백 Messenger Bag

우편배달부, 노동자들이 주로 사용한 데서 유래되었으며 방수나 내구성을 위해 튼튼한 소재가 사용된다. 캐주얼 스타일에 잘 어울리며 슈트를

입은 채로 메신저백을 대각선으로 가로질러 매는 것은 금물이다.

④ 벨트(Belt)

벨트는 바지를 고정하는 실용적인 용도로 여러 가지 스타일로 변형되어 왔다. 악어가죽, 타조가죽 등 독특한 소재부터 컬러감이 더해진 벨트까지 남성들의 취향에 따라 선택의 폭이 더욱 넓어졌다. 벨트는 구두와 유사한 색이 좋다. 다른 색의 상의를 입었을 경우 상의 색이 배합된 벨트가 세련되어 보인다.

벨트 고르는 팁

- 구멍은 세 번째에 맞춰서 고른다. 사이즈를 볼 때는 정가운데의 구멍에 끼웠을 때 허리에 꼭 맞는 것을 고르자.
- 벨트 폭은 2.5~3.8cm가 적당하다.
- 바지보다 진한 색으로 선택한다.

⑤ 커프스 링크와 넥타이 핀(Cuffs Link & Necktie Pin)

커프스 링크는 셔츠와 단추 대신 커프스를 여며주는 것이다. 특히 더블 커프스의 셔츠에 빼놓을 수 없는 아이템이 커프스 링크이다. 다양한 소재가 있으나 너무 화려한 보석 등은 자칫 나이들어 보이기 때문에 심플한 것을 선택한다. 컬러는 은은한 느낌을 주는 무광택의 골드나 실버가 적당하다.

넥타이 핀은 타이 홀더(Tie Holder)라고도 하며 넥타이와 셔츠를 연결시켜 주는 역할을 한다. 심플한 디자인으로 V존에 변화를 주고 싶을 때 추천한다. 셔츠 네 번째 단추에서 위아래 2.5cm 위치에 꽂는 것이 일반적이다.

| 정장용 벨트 | 캐주얼 벨트 | 커프스 링크 | 넥타이 핀 |

⑥ 포켓치프(Pocketchief)

포켓치프는 원래 가슴 포켓에 손수건을 넣는 것에서 시작되었다. 포켓행커치프(Pockethandkerchief), 포켓스퀘어(Pocket Square)라고도 하며 재킷 가슴에 꽂은 포켓치프는 그 사람을 더 포멀하고 격조있게 만든다. 화려하지 않은 타이와 매치하면 좋다. 포켓치프 컬러가 화려하면 드레시해 보이므로 파티 때 활용하면 좋다. 포켓치프 디자인과 소재는 슈트의 디자인과 소재에 맞춘다. 포멀한 스타일에 스퀘어 앤디드 폴드가 캐주얼한 스타일에는 트라이앵클 폴드와 퍼프드 폴드 등이 잘 어울린다. 실크 소재는 퍼프드 폴드가 가장 자연스럽다.

포켓치프의 종류

● 스퀘어 앤디드 폴드 Square-ended fold

행커치프를 약 1cm 정도 밖으로 내어 포켓선과 평행을 이루도록 연출한다. 정방형이 되도록 4번 접고, 포켓의 가로 폭에 맞춰서 한두 번 접은 후, 주머니의 깊이에 맞도록 1번 더 접어서 꽂는다. 스마트하고 깔끔한 느낌을 줄 수 있다.

● **트라이앵클 폴드** Triangle fold

가장 기본적이며 어떤 스타일의 슈트와도 잘 어울리는 연출법이다. 포켓치프를 정사각형으로 접고 양끝 모서리를 접어 올린다. 이때 왼편보다는 오른편을 더 많이 접고 아랫부분을 뒤로 접어 올려 사이즈를 반으로 줄인다. 브레스트 포켓에 꽂되 4cm 이상 올라오지 않아야 자연스럽다.

● **멀티 포인티드 폴드** Multi-pointed Fold

실크, 리넨, 면 등 어떤 소재의 포켓치프와도 잘 어울리는 연출법이다. 둘이나 셋 이상의 삼각형을 만들어 꽂는 방식으로 화려한 분위기를 낼 수 있다. 포켓치프를 약간 빗나간 삼각형 모양으로 접고, 삼각형 모양의 한쪽 모서리를 반대편으로 접어 올린다. 다른 한쪽의 모서리도 반대편으로 접어 올린다.

● **퍼프드 폴드** Puffed Fold

퍼프드라는 말에서 알 수 있듯이 행커치프에 살짝 볼륨감을 넣어 연출하는 방법이다. 4개의 각을 가지런히 해서, 그것들을 아래로 향하게 무조작으로 포켓에 넣는다. 간단하게 꽂는 방법이지만 실크 소재나 울과 실크가 섞인 혼방 소재와 잘 어울리며 우아하면서도 중후한 스타일을 내고 싶을 때 사용하면 좋다.

색상에 따른 남성 슈트 코디네이션

① 검은색 계열

검은색은 예복으로 적합하며 정중하고 성실한 느낌을 주며 반드시 갖추어야 하는 색이다. 검은색 슈트는 의외로 다양한 넥타이를 폭넓게 소화시켜 포멀한 이미지부터 감각적이고 강렬한 이미지까지 연출해 낼 수 있는 매력이 있다. 셔츠는 흰색, 청색, 회색 등 여러 색상을 매치할 수 있으며 넥타이를 화려하게 맬 경우 감각적인 세련미를 나타낼 수 있다.

② 청색 계열

청색은 시즌에 관계없이 언제, 어디서나 통하는 아이템이다. 가벼운 듯 하면서 차분하고, 비즈니스에 적합하면서도 신뢰감을 준다. 개성을 추구하고 싶다면 눈에 띄는 굵은 스트라이프 말고 원단이 독특한 소재를 고른다. 화이트 셔츠에는 어떤 타이를 매치해도 무난하다. 같은 푸른빛 계열의 셔츠를 입으면 차분하고 침착한 인상을 주고, 핑크나 연노랑의 줄무늬가 있는 셔츠는 밝고 화사한 이미지를 줄 수 있다. 여기에 스트라이프, 울오버, 크레스트, 로열 크레스트, 페이즐리 등의 무늬가 있는 붉은색, 회색, 감색 계열의 타이를 매면 잘 어울릴 수 있다. 그러면 어떤 비즈니스에도 통할 만큼 포멀하고 블랙 슈트보다 세련된 스타일이 연출될 것이다.

③ 브라운 계열

브라운 계열은 부드럽고 세련된 느낌을 준다. 예전에는 비즈니스 웨어로 적당치 않은 색상으로 여겨졌으나 최근에는 비즈니스 정장으로 받아들여지고 있다. 하지만 브라운 슈트는 색 자체가 난이도가 높은 아이템이고, 신경쓰지 않으면 너무 수수해져서 어딘가 촌스러운 분위기를 만드니 주의해야 하는 것이 사실이다. 셔츠는 흰색이나 노란색 계열의 무지이거나 이런 색의 줄무늬가 들어 있는 것으로, 타이는 밤색이 살짝 더해진 그레이나 브라운 계열의 줄무늬, 붉은색이 포인트로 들어간 스트라이프, 페이즐리 무늬가 부드럽게 들어간 것이 어울린다. 모던함을 강조하면서 조금 대담한 포인트 컬러나 패턴을 더하면 브라운만큼 세련된 컬러가 없다.

④ **회색 계열**

가장 도시적인 분위기를 내는 것이 회색 계열 슈트이다. 실용성 면에서는 청색 슈트를 따라갈 수 없지만 기본적으로 갖춰야 할 아이템이다. 회색 계열 슈트의 기본은 화이트 셔츠를 함께 입는 것부터 시작된다. 푸른색, 밝은 회색, 쥐색, 검은색, 초콜릿 계열 밤색 등의 셔츠에 붉은색이나 와인 계열, 푸른색, 흰색의 울오버나 페이즐리 무늬 타이를 맞출 수 있다. 이처럼 회색 계열 슈트는 어떤 컬러, 어떤 패턴과도 멋스럽게 연출할 수 있다.

BLACK   BLUE   BROWN   GRAY

슈트의 올바른 착용법

① 슈트 사이즈 선택에서 가장 중요한 것이 어깨이다.

어깨선이 잘 맞아야 구김 없이 딱 떨어지는 피트를 보여준다.

② 단추는 재킷의 핵심에 자리 잡는 것이 포인트다.

원버튼은 트렌디하고, 투버튼은 가장 무난하고, 스리버튼은 키가 가장 커보이는 장점이 있다. 모든 단추는 입을 때 하나만 잠그게 되어 있는 데 투버튼의 윗단추, 스리버튼의 가운데 단추만을 잠근다.

③ 완벽한 피트의 결정체는 슈트 볼이다.

몸에 잘 맞고 가슴 부분에 굴곡이 생기거나 브이존 형태가 휘지 않아야 한다. 슈트를 제대로 입었는지 확인하려면 슈트 재킷의 첫 단추 양쪽에 주름이 잡혔는지 보면 된다. 이는 '슈트 볼'이라고 하는데 보디라인에 타이트하게 잘 맞는 재킷에서만 볼 수 있다.

④ 슈트는 등에서 아름다움이 결정된다.

어깨와 가슴 주위의 사이즈가 맞지 않는 슈트를 입으면, 등부분에 가로 주름이 생긴다.

⑤ 재킷의 길이는 엉덩이 중간부분을 살짝 덮을 정도가 좋다.

재킷의 소매 길이는 팔을 바르게 내려놓은 상태에서 밑단이 손가락 끝에 약간 잡히는 정도가 적당하다.

⑥ 팬츠의 여유분을 확인한다.

손가락이 들어갈 정도로 여유 있는 것이 적당하다. 엉덩이 부분이 넉넉해야 앞주름과 주머니가 벌어지지 않는다. 바지를 고를 때는 반드시 똑바로 선 상태에서 여유분을 체크해야 한다.

⑦ **바지의 밑단은 하프 쿠션이라 불리는 길이가 이상적이다.**

바지의 단이 구두 윗부분에 살짝 닿을 정도로 아주 희미하게 움푹 패인 상태를 말한다. 바지 밑단이 너무 길어져 처짐이 많은 것은 금물이다. 바지 넓이는 신발을 3/4쯤 가리는 정도가 적당하다.

슈트 바르게 입기

셔츠와 재킷 사이에 공백 없이, 셔츠는 재킷 깃 위로 1.5cm 정도 노출

어깨, 소매에 주름 없이 딱 맞는 정장 구매

셔츠가 보이는 공간을 V존이라 하고, V존이 상하로 갈수록 키가 커보임

단추를 잠갔을 때, 주먹 하나 정도가 들어갈 여유. 서 있을 때는 윗단추만 잠그고, 앉았을 때는 푸는 것이 정석

재킷의 손목 부분에 셔츠는 1~2cm 정도 노출

바지에 구김 없이 구두 뒤쪽의 1/4 정도를 덮는 길이

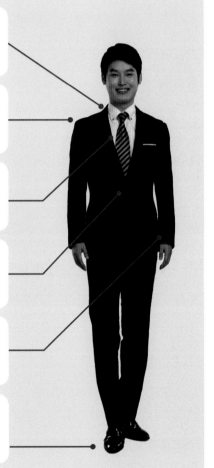

얼굴형에 어울리는 셔츠 코디네이션

● 둥근형

둥근 얼굴의 경우 얼굴형을 보완할 수 있도록 비교적 칼라 폭이 좁고 각진 칼라의 셔츠를 입는 것이 좋다. 라운드 칼라는 둥근 얼굴형이 부각되므로 피하는 게 좋다.

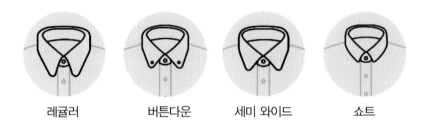

| 레귤러 | 버튼다운 | 세미 와이드 | 쇼트 |

● 역삼각형

얼굴형을 보완할 수 있도록 약간 폭이 넓은 칼라가 좋다. 버튼다운은 칼라의 각을 더 부각시킬 수 있으므로 피하는 게 좋다.

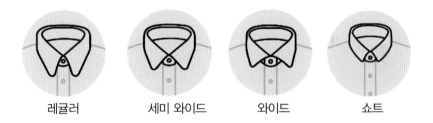

| 레귤러 | 세미 와이드 | 와이드 | 쇼트 |

● 사각형

각진 얼굴형에 어울리지 않는 셔츠 칼라는 뾰족하거나 라펠이 큰 칼라이다. 일반적인 크기의 레귤러 칼라 셔츠는 얼굴을 좀 더 작아 보이게 한다.

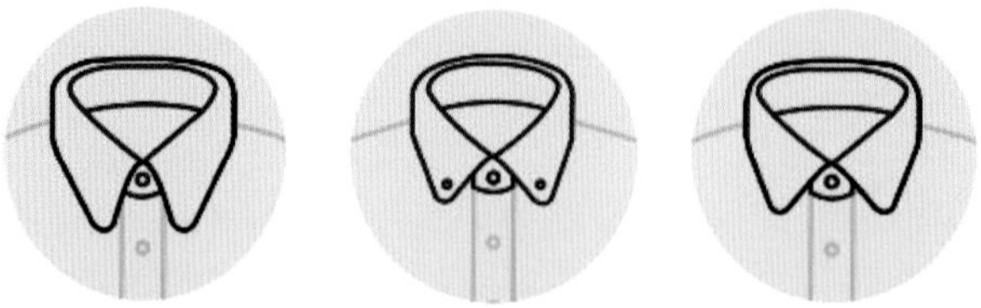

레귤러 버튼다운 세미 와이드

● **달걀형**

달걀형 얼굴은 비교적 모든 칼라 스타일이 어울리나 지나치게 긴 칼라나 라운드 칼라는 얼굴 길이에 따라 선택하는 것이 좋다. 목이 가늘거나 얼굴이 작은 경우 쇼트나 차이나 칼라도 어울릴 수 있다.

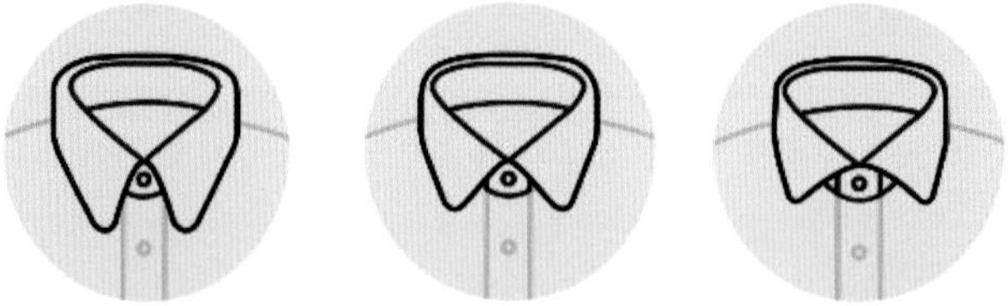

레귤러 세미 와이드 와이드

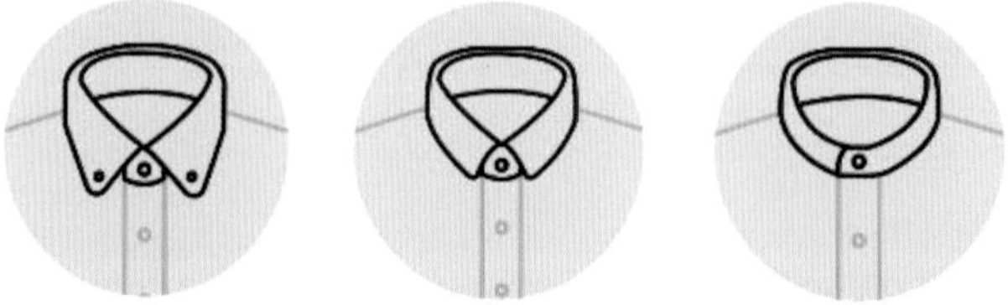

버튼다운 쇼트 차이나

V존 연출법

남성 정장의 키 포인트는 바로 재킷, 셔츠, 타이가 만나는 브이존(V zone)에 있는 만큼 슈트를 입을 때 아주 중요한 부분이다. 입는 사람의 패션감각은 물론 인상이나 성격까지 영향을 미치기 때문이다. V존을 어떻게 연출하느냐에 따라 그 사람의 이미지가 달라진다. V존 연출법을 통해 비즈니스 특성에 맞는 이미지를 연출해 보자.

① 재킷색은 어두울수록 좋다.

재킷색이 옅으면 부드러운 감성의 소유자로 보이지만 비즈니스 시에는 뚜렷한 인상을 주지 못할 수도 있다. 특히 비즈니스 상대를 처음 만날 때에는 짙은 색의 재킷을 입어야 한다. 재킷이 어두우면 셔츠와 타이가 분명하게 구별되기 때문에 깔끔한 V존이 나온다.

② 타이의 색상은 셔츠 색상보다 더 짙어야 한다.

셔츠의 색상이 짙으면 타이가 상대적으로 부각되지 못한다. 일반적으로 셔츠와 넥타이를 비슷한 색상으로 연출하면 무난한 슈트 차림이 될 수 있다. 너무 무난한 차림이 싫증날 때에는 셔츠와 넥타이의 색상이 대조되게 연출하면 자신감과 함께 강한 인상을 연출한다.

③ 셔츠 칼라와 매듭의 크기는 약 8:5의 비율이 적당하다.

타이 매듭의 크기는 셔츠 칼라의 너비에 맞추는 것이 정석이다. 셔츠 깃이 넓으면 매듭을 크게 하고, 셔츠 깃이 좁으면 매듭도 적게 매는 것이 잘 어울린다. 또한 얼굴 크기에 따라서도 매듭  의 크기가 달라져야 하는데 너무 작은 크기의 매듭은 큰 얼굴을 더욱 도드라져 보이게 하고, 너무 큰 매듭은 얼굴로 향할 시선을 타이로만 향하게 한다.

④ 재킷의 라펠과 넥타이의 폭을 맞춘다.

재킷 라펠의 폭에 비해 넥타이의 폭이 너무 좁거나 넓으면 어색해 보인다. 또한 넥타이의 넓이는 유행에 따라 조금씩 변하지만 폭 7cm의 적당히 슬림한 타이가 클래식함과 트렌디함을 동시에 줄 수 있다.

⑤ 넥타이의 끝은 벨트를 넘지 않도록 한다.

보기 좋은 넥타이는 벨트를 넘지 않는 정도의 길이로 이보다 짧거나 길면 어색한 느낌을 줄 수 있다.

⑥ 무늬는 재킷, 타이, 셔츠 중에서 하나만 선택한다.

스트라이프 재킷에는 무늬가 없는 셔츠에 솔리드 혹은 도트 무늬의 타이를 매는 것이 좋다. 핀 스트라이프 재킷의 경우엔 스트라이프 타이를 착용하면 세련미를 줄 수 있다.

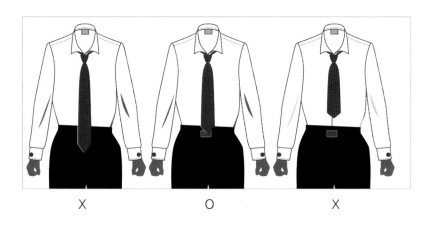

3. 여성 슈트

여성복 아이템

여성복의 기본 아이템에는 슈트, 재킷, 스커트, 팬츠, 베스트, 셔츠 및 블라우스 등이 있으며 액세서리와 조화시키도록 한다. 여성의 경우 직업, 장소, 시간, 기호에 따라 더욱 다양한 이미지를 연출할 수 있다.

슈트(Suits)

여성 슈트는 남성과 여성의 성역할이 변화함에 따라 서서히 변모해 왔다. 남성 슈트와 마찬가지로 비즈니스 복장의 대표적인 옷차림으로 소재는 고급스럽고 품위 있는 모, 리넨 등의 천연 소재가 좋고, 색상으로는 그레이, 다크 블루, 블랙, 네이비 컬러가 좋으며, 포근한 느낌을 주는 베이지 컬러도 좋다. 여성 슈트는 테일러드 슈트, 카디건 슈트, 샤넬 슈트, 팬츠 슈트 등이 가장 일반적이다.

| 테일러드 슈트 | 샤넬 슈트 | 카디건 슈트 | 팬츠 슈트 |

재킷(Jackets)

재킷은 정장차림의 상의로 착용방식에 따라 다양한 변신이 가능해 패션 효과가 뛰어난 아이템이다. 테일러드 재킷은 가장 기본으로 갖추고 있어야 할 아이템이다. 특히 블랙 컬러는 어떤 색상과도 잘 어울린다. 화이트 셔츠를 입으면 단정한 느낌을 주고 화려한 블라우스를 입으면 화사한 느낌을 준다. 테일러드 재킷은 자주 입게 되므로 소재가 좋은 제품을 장만하면 오랫동안 세련되게 입을 수 있다. 칼라가 없는 카디건 재킷을 착용할 때는 실크 스카프나 진주나 금으로 된 목걸이, 브로치 등의 액세서리를 코디해 준다.

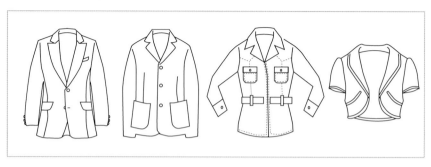

테일러드 재킷　　　블레이저 재킷　　　사파리 재킷　　　볼레로 재킷

블라우스(Blouse)

블라우스는 프랑스어 블루즈에서 유래된 것으로 원래는 어깨에서 허리까지로 된 상반신에 착용하는 가벼운 소재로 만들어진 헐렁한 셔츠를 말한다. 주로 여성들이 재킷 안에 입는 기본적인 상의 아이템이다. 착용방법에 따라 스커트나 팬츠 속에 넣어 입는 언더 블라우스와 겉으로 내어입는 오버 블라우스로 구분된다. 네크라인, 칼라, 소매, 소재에 따라 다양한 이미지 연출이 가능하다.

셔츠 블라우스　　　보 블라우스　　　페플럼 블라우스　　　페전트 블라우스

스커트(Skirts)

스커트는 주로 블라우스나 셔츠, 재킷과 조화시켜 입는 여성용 하의이다. 스커트는 크게 슬림(slim)스커트와 풀(full)스커트로 나뉜다. 스커트는 길이,

너비, 절개선 그리고 허리선을 개더, 플리츠 등으로 변형시키면 여러 모양
이 된다. 스커트의 길이는 무릎을 기준으로 짧은 길이에서 긴 길이에 이
르기까지 유행에 따르나 비즈니스 활동에 가장 어울리는 스커트는 타이
트 스커트이다.

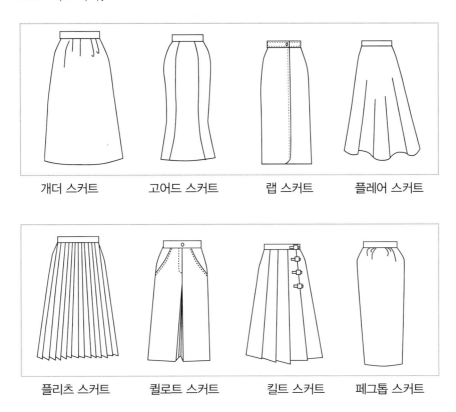

| 개더 스커트 | 고어드 스커트 | 랩 스커트 | 플레어 스커트 |
| 플리츠 스커트 | 퀼로트 스커트 | 킬트 스커트 | 페그톱 스커트 |

팬츠(Pants)

팬츠는 바지의 총칭으로 트라우저스, 슬랙스, 판타롱 등으로 불린다.
바지의 통과 길이, 넓이, 실루엣에 따라 명칭이 달라진다. 재킷과 한 벌로
정장으로 입거나 블라우스, 셔츠, 스웨터 등과 매치해서 다양하게 연출할
수 있다. 정장 팬츠는 소재가 고급스럽고 단정한 느낌으로 디자인된 것이
좋다. 허리에 두 개 정도의 다트가 있어 허리선을 자연스럽게 보완하여 편

안한 것이 좋다.

| 스트레이트 팬츠 | 테이퍼드 팬츠 | 부츠컷 팬츠 | 배기팬츠 |

| 카고팬츠 | 버뮤다팬츠 | 카프리 팬츠 | 하렘팬츠 |

원피스 드레스(One-piece Dress)

원피스 드레스는 위아래가 붙어 하나로 된 여성용 옷을 말한다. 드레스의 종류는 목적, 소재, 시간, 계절 등에 따라서도 구별하는 동시에 유행에 따른 모양의 변화로 명칭이 다양하다. 목적, 용도에 따른 종류로는 웨딩 드레스, 칵테일 드레스 등이, 시간이나 계절에 따라 애프터눈, 이브닝 등의 구별이 있으며, 디자인에 따라 셔츠 드레스, 프린세스 드레스, 엠파이어 드레스 등 매우 많은 종류가 있다. 재킷과 코디하면 격식을 갖춘 정장의 역할을 하고 짧은 카디건을 입으면 발랄하고 경쾌한 느낌을 줄 수 있다.

| 셔츠 드레스 | 프린세스 드레스 | 시스 드레스 | 엠파이어 드레스 |

코트(Coat)

코트는 슈트나 상의를 보호하고 착용자의 몸을 따뜻하게 하는 실용적 아이템이다. 의상 전체의 외관을 마무리하기 때문에 옷차림의 전체적인 인상 형성에 아주 중요하다. 코트는 직물뿐만 아니라 편물 또는 동물의 털이나 가죽을 이용하기도 한다.

봄이나 가을에는 슈트와 함께 트렌치 코트를 착용하는데 안감이 탈부착 되는 것은 겨울에도 입을 수 있어 더욱 실용적이다. 가장 활용도가 높은 코드는 모 혹은 캐시미어 소재의 싱글 코트이다. 가격은 비싸지만 두고두 고 오래 입을 수 있는 장점이 있다.

| 더플코트 | 발마칸 코트 | 체스터필드 코트 | 트렌치 코트 |

Chapter 14

상황별 패션 코디네이션

상황별 패션 코디네이션

상황에 따른 패션 스타일링은 상대방에 대한 예의의 표현이며 활동의 편리성 또한 제공해 준다. 언제 어디서 어떤 상황인지 고려하여 그에 맞는 의복을 연출해야 한다. 다양한 상황에 맞는 스타일링 방법에 대해 살펴보자.

1. 비즈니스(Business)를 위한 코디네이션

현대사회는 남녀의 구분 없이 자신의 일을 갖게 되면서 비즈니스에 많은 부분을 할애하고 있다. 따라서 업계의 특성이나 분위기에 맞게 슈트를 차려 입는 것은 비즈니스의 성공을 좌우하는 요소가 된다. 보통 어두운 슈트일수록 상대에게 강한 인상을 남긴다. 보수적인 분위기라면 슈트의 색상이 어두울수록 더 권위적인 느낌을 주고 진지한 분위기를 자아내는 네이비나 차콜 그레이, 블랙 컬러 계열의 투버튼 또는 스리버튼 슈트를 선택한다. 블랙 컬러는 다른 어두운 색상보다 더 권위적이고 때로는 장례식장을 연상시킬 수 있으므로 상황에 따라 적절히 입는다. 가장 중후한 느낌을 주는 무늬는 핀스트라이프이다. 여성의 경우 심플하고 단정한 디자인으로 슈트나 원피스를 착용한다. 깔끔한 슈트에는 스카프나 브로치 등으로 스타일에 포인트를 주는 것이 좋으며 헤어나 메이크업 또한 자신의 개성을 은은하게 보일 수 있도록 조절하는 것이 좋다.

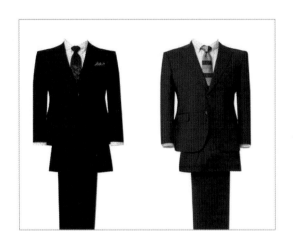

2. 여가시간을 위한 코디네이션

여가는 일상생활에서 벗어나 자기를 회복하고 충전하는 시간이다. 젊은 세대를 중심으로 의식이 변화함에 따라 여가활동이 다양해지고 이에 따라 의복의 선택에 있어서도 다양성이 나타나고 있다. 여가는 자기 충전의 시간으로 심신이 편해야 하므로 최대한 편안한 복장을 선택하지만 아무렇게나 입고 있는 것과는 구별되어야 한다. 편안하게 휴식을 취할 수 있으면서도 깔끔한 차림을 선택한다.

3. 스포츠 활동을 위한 코디네이션

건강에 대한 관심과 함께 스포츠 인구의 증가에 따라 스포츠복도 패션의 한 장르를 차지할 만큼 다양해졌다. 스포츠웨어는 활동성과 기능성을 우선으로 고려하여 스포츠의 종류에 맞는 것을 선택한다. 스포츠웨어의 기능성에는 여러 가지가 있는데 먼저 움직임을 방해하지 않는 신축성, 스포츠를 통해 땀을 많이 흘리게 되므로 땀, 일광, 세탁에 잘 견디는 견뢰도, 땀을 흡수하는 흡수성, 공기를 통과해 주는 통기성, 외부의 기온으로부터 체온을 유지시키는 보온성, 소재의 안정성 및 봉제의 견고성 등의 기능이 요구된다. 지나치게 짧거나 파인 차림은 착용자의 운동에 방해가 될 뿐 아니라 타인에게도 방해가 되므로 주의한다. 스포츠 활동을 하거나 스포츠를 관람할 때 쾌적

함을 느낄 수 있도록 기능성과 패션성을 조화시킨 세련된 스타일링이 필요하다.

4. 여행을 위한 코디네이션

여가시간을 보내기 위한 여행도 많아지고 있지만 비즈니스를 위한 여행도 있으므로 여행의 목적 및 여행지에 따라 그에 맞는 스타일링이 요구되고 있다.

바닷가에 갈 경우에는 화려한 패턴과 비비드한 색상을 사용하여 리조트룩을 연출하고 대도시를 여행할 경우에는 도시적인 느낌을 주는 편안한 의상을 착용한다.

비즈니스를 위한 여행의 경우 편안한 복장뿐만 아니라 비즈니스 웨어도 준비해야 하며 리셉션이나 파티 등을 위한 포멀한 의상도 준비해야 한다.

5. 상황별 예복 코디네이션

공식적인 모임 즉, 결혼식이나 파티, 조문 등의 모임이나 행사 참여를 위한 의복은 상대방에 대한 예의의 표현이므로 중요시된다.

① 결혼식

결혼식 참석을 위한 스타일링은 결혼식에 대한 예의와 축하를 나타내도록 예를 갖추어야 한다. 신랑이나 신부보다 주목받지 않도록 단정하고 차분하게 연출하는 것이 좋다. 결혼식은 부모, 형제, 가까운 친지, 친구, 동료, 지인 등 폭넓은 사람이 참여하므로 옷차림도 이러한 관계에 따라 달라진다. 혼인한 형제자매는 다크 슈트나 한복차림, 가까운 친지나 지인은 정장차림이 무난하다. 동료나 친구는 약식의 파티차림 정도로 평상시와는

다른 분위기로 연출하고 신부의 색인 흰색이나 핑크색은 피하는 것이 예의이다. 헤어나 메이크업은 너무 튀거나 화려하지 않으면서 화사한 분위기로 단아한 느낌을 연출하며 액세서리는 요란스럽지 않은 것으로 착용한다.

② **파티**

각종 피로연이나 행사 등으로 다양한 파티 문화가 행해지고 있다. 단순한 여가를 즐기는 차원을 넘어 비즈니스 성패를 좌우하는 계기가 되기 때문에 격식에서 벗어나지 않으면서 자신감 있게 자신을 연출하는 것이 중요하다. 공식적인 파티의 경우 남성은 예복이나 준예복을 착용하며 약식으로는 정장 슈트에 드레스 셔츠, 화려한 넥타이나 보타이, 포켓치프 등으로 연출하는 것이 무

난하다. 여성은 드레스 등 화려한 스타일로 연출하는 것이 좋으며 헤어는 웨이브나 업스타일, 메이크업은 펄감이 있는 것을 사용하여 화려하게 연출한다. 액세서리도 화려하고 우아한 스타일을 착용한다.

③ **모임**

인간관계가 다양해지면서 부부동반 모임부터 동창회, 동우회, 산악회 등 각종 모임이 많아지고 있다. 일반적인 모임에는 지나치게 화려한 연출보다 세련되고 감각적인 연출로 분위기에 잘 어울리도록 하는 것이 좋다. 남성복은 정장 스타일의 슈트나 색 차이가 적은 색이나 문양이 있는 재킷도 감각적이며 액세서리는 심플한 것이나 착용하지 않는 것이 좋다. 여성복은 슈트나 원피스, 투피스가 무난하며 화려하지 않으면서도 포인트를 줄 수 있는 액세서리로 분위기 있게 연출한다. 메이크업은 피부톤을 살리고 색조화장은 진하지 않게 하며 헤어도 단아

하고 자연스러운 스타일이 바람직하다.

④ **조문**

조문 시에는 애도와 위로를 표현할 수 있는 스타일로 연출한다. 남녀 모두 검은색 정장을 착용하는 것이 좋다. 검은색이라도 광택이 있거나 노출이 심한 의상은 피하는 게 좋으며, 장식이 적은 소박한 스타일로 착용하는 것이 좋다. 검은색 의상이 없는 경우에는 진한 회색이나 감색 등 수수한 스타일로 착용하면 된다. 남성복은 슈트에 무지의 화이트 셔츠, 검은색 무지 넥타이를 착용하고 넥타이 핀, 커프스 링크 등의 액세서리는 착용하지 않는다. 여성의 경우 헤어스타일이나 메이크업도 너무 화려하거나 진하지 않게 하는 것이 좋으며 액세서리는 크고 요란하지 않은 작은 것을 착용하는 것이 좋다. 남성은 검정 타이와 검정 양말을 미리 준비해 두면, 유사시에 바로 입을 수 있어 편리하다.

올바른 문상객 복장

Chapter

15

커뮤니케이션 이미지메이킹

커뮤니케이션 이미지메이킹

1. 커뮤니케이션의 이해

"통즉불통(通卽不通) 불통즉통(不通卽通)"이라는 말이 있다. 통하면 아프지 않고 통하지 않으면 아프다는 뜻이다. 커뮤니케이션 또한 마찬가지다. 커뮤니케이션은 우리말로는 '의사소통' 정도로 생각하면 되겠다.

커뮤니케이션(communication)은 '공통되는(common)', 혹은 '공유한다(share)'라는 뜻의 라틴어 'communis'에서 유래한다. (파생되는 단어 가운데에는 공동체를 의미하는 'community'가 있다.)

커뮤니케이션은 양방향 소통이다. 결코 혼자 하는 것이 아니며 누군가와 함께하거나 나누는 것이다. 소통이 되지 않으면 답답하고 원활한 관계로 이어지기가 어렵다. 이렇게 커뮤니케이션은 사회적 존재로 살아감에 있어 절대적으로 필요한 도구이며 필수불가결한 활동이다.

2. 커뮤니케이션의 의미와 중요성

① 인간은 태어나서 죽을 때까지 의식적이든 무의식적이든 수많은 커뮤니케이션을 하게 된다.

② 커뮤니케이션은 인간사회의 생존양식이자 인간의 사회생활 그 자체이다.

③ 커뮤니케이션은 사회적 존재로서의 인간이 사회성을 습득해 공동체 일원으로 살아가는 데 필요한 수단이자 요소이다.

④ 고독한 존재인 인간이 서로를 이해하며 관계를 맺고 살아가도록 인간과 인간을 이어주는 매우 중요한 것으로 인간의 궁극적인 행복과 직결되는 본질적인 요소이다.

3. 커뮤니케이션의 특징과 과정

① **상징** : 언어 혹은 비언어적 상징을 통해 커뮤니케이션할 수 있는 것은 인간만의 고유한 능력

② **의미의 공유 및 전송** : 커뮤니케이션을 통해 의미를 공유하고 이를 축적해 다음 세대까지 전승시켜 이전보다 더 발전된 모습으로 변화하는 특징을 갖고 있다.

③ **자아의식** : 자신의 경험이나 감정을 되돌아보거나 자신의 존재, 환경과의 관계 등을 생각하는 자아의식을 갖고 있다.

④ **지속성과 이동성** : 시간과 공간의 제약성을 초월하는 지속성과 이동성

커뮤니케이션의 과정

> 송신자 – 부호화(메시지) – 경로(채널, channels) – 해독(피드백, feedback) – 수신자 – 잡음(noise) – 피드백

송신자와 관련된 장애요인

① 커뮤니케이션에 대한 목적의식 부족

② 커뮤니케이션의 기술 부족

③ 대인 감수성의 부족 : 송신자는 수신자에게 동기부여를 하지 못함

④ 준거(準據)의 차이 : 송신자가 자기 기준으로 인지(認知), 이해

⑤ 정보의 여과 : 송신자가 고의로 정보를 호의적, 부정적으로 여과함

수신자와 관련된 장애요인

① 메시지를 다 받기 전에 전반적 가치 평가

② 송신자에 대한 선입견

③ 선택적 청취

④ 부적절한 반응으로 송신자를 실망시키거나 반응적 피드백 부족

⑤ 신뢰도 부족

상황에 관련된 장애요인

① 송신자의 추상적 인용이나 전문용어 차용

② 수신자가 수용할 수 없는 많은 메시지 전달로 정보 과중

③ 시간의 압박

④ 현장 분위기

⑤ 언어적 메시지와 비언어적 메시지의 불일치

4. 듣는 기술

경청은 敬 '공경 경', 聽 '들을 청'의 한자 풀이 그대로 남의 말을 공경(恭敬)하는 태도(態度)로 듣는 것을 말한다. 단순히 귀로 말소리를 듣는 것이 아니다. 관심을 갖고 상대방의 말을 듣는데 이때 생각과 감정을 '나 중심'이 아닌 '상대방 중심'에서 이해하며 들어야 한다.

말을 잘하기 위해서는 먼저 남의 말을 잘 들어야 한다. 결국 통하는 커뮤니케이션의 시작은 경청에서 시작된다고 볼 수 있겠다.

듣기의 기본 자세

① 눈 : 상대를 정면으로 바라보고 눈맞춤을 자주 한다.
② 몸 : 정면을 향해 조금 앞으로 내밀듯이 앉고 손이나 다리를 꼬지 않는다. 고개를 끄덕이거나 메모를 하는 태도는 상대에게 적극적인 경청의 모습으로 전달된다.
③ 입 : 맞장구를 치면서 내용에 적절한 질문을 섞어 가면서 상대방의 말을 반복해서 말해주거나 모르는 것이 나오면 질문을 한다.
④ 마음 : 성의를 보이고 흥미를 갖고 듣는다. 상대방의 의도가 느껴질 때까지 편안하게 배려해 준다.

경청의 전제조건

① 판단하지 말고 진심으로 들어주기
② 공감하고 있음을 적극적으로 표현해 주기(눈맞춤, 고개 끄덕임과 같은 표정과 자세 등의 행동반응과 '아' '음' '그래요' 등과 같은 언어반응을 적극적으로 보여준다.)
③ 확실하지 않다면 질문하기
④ 몰입 방해하는 요소 차단하기

⑤ 단어 이외의 표현에도 신경쓰며 듣기

⑥ 상대가 말하는 의미 전체를 이해하기

경청 시 주의점

① 건성으로 듣고 대답도 건성으로 하거나 안 하는 것

② 눈맞춤을 하지 않고 무관심한 태도를 보이는 것

③ 팔짱을 끼거나 손장난, 발장난을 치는 것

④ 상대의 말을 중간에 뺏거나 끊는 것

⑤ 상대의 말을 트집 잡거나 실수한 말에 대해 시비를 따지는 것

⑥ 말끝마다 참견하고 충고하는 것

⑦ 시계를 자꾸 보고 주변을 두리번거리는 것

⑧ 상대의 눈을 너무 뚫어져라 쳐다보는 것

5. 말하기의 기술

말하기의 기본 자세

① 눈 : 상대를 정면으로 바라보고 편안하고 부드러운 시선으로 말한다.

② 몸 : 말의 내용에 맞는 표정이 중요하며, 등을 펴고 바른자세로 말한다.
적절하고 자연스러운 제스처를 적극 활용한다.

③ 입 : 정확한 발음과 편안하고 알아듣기 쉬운 말로 너무 빠르지 않은
속도로 말한다.

④ 마음 : 말에 성의를 보인다.

상대방의 마음을 여는 대화법

① 공감하며 말하기

말하는 사람이 자기 말하기에만 집중하면 안 된다. 청중의 현재 반응
과 감정 등을 살피면서 그에 맞는 말을 해야 한다. 공감은 청중과의
라포(Rapport) 형성 대화의 가장 핵심적인 기술이다. 이때 1번 말하고
2번 듣고 3번 공감하는 123 말하기 방법이 좋다. 공감할 때는 아~ 네
~ 그렇군요. 정말요? 등의 언어 반응과 고개의 끄덕거림, 눈동자 크기
등의 행동반응을 적절히 보여주면 좋다.

② 페이싱 Pacing

상대와 눈을 맞추고 목소리의 톤이나 호흡은 물론 표정 등을 비슷하게
매치시켜 친밀감을 조성하는 기술이다. 상대와 더욱 가까워지고 싶다
면 상대방의 목소리와 표정을 비슷하게 하면 도움이 된다.

③ 미러링 mirroring

상대가 거울에 비친 자기 모습을 보는 것처럼 느끼도록 상대방의 행동
을 따라서 움직이며 반응하는 것을 말한다. 마치 거울에 비친 자신의

모습을 보는 듯 느끼게 하면서 공감대를 형성하도록 돕는 기술이다. 다만 페이싱과 미러링의 경우 지나치게 똑같이 따라하거나 너무 빈번히 자주 따라하면 반감을 살 수도 있다.

④ **백트래킹** backtracking

대화에서 상대방의 끝말을 적절하게 따라하면서 말의 내용을 경청하고 있음을 확인시켜 주는 것이다. 이때 대화 속의 몇 가지 단어나 핵심어 등을 뽑아서 요약하고 맞장구쳐주면 좋은데 이런 과정에서 상대는 인정과 지지의 느낌을 경험하게 된다. 백트래킹은 서로 신뢰와 안정된 관계로 이어지게 하는 좋은 기술이다. 다만 성의 없는 백트래킹은 오히려 관계를 그르치게 만든다.

⑤ **PREP기법**

상대방을 설득할 때 적합한 말하기 방법이다. 내가 전달하고자 하는 말의 내용을 조리 있고 명확하게 전달하고 싶다면 PREP을 활용하면 좋다. 나의 주장을 다양한 방법 즉, 근거와 사례로 전하고 다시 강조하는 방법은 과학적으로나 실증적으로 입증된 최고의 설득법이다.

> Point(주장) 짧고 명료하게 결론을 말한다.
> Reason(이유) "왜냐하면"의 근거를 제시한다.
> Example(예시) 사례를 든다.
> Point(주장) 다시 결론을 강조한다.

⑥ **신뢰화법**

"다까체"와 "요죠체"를 적절하게 활용하여 상대방에게 신뢰감을 줄 수 있는 말하기 방법이다. 다까체는 정중한 느낌을 줄 수 있으나 딱딱해서 형식적인 느낌을 줄 수 있고, 요죠체는 부드러운 느낌을 줄 수 있으나 자주 사용하면 신뢰감을 떨어뜨릴 수 있다. 다까체와 요죠체의 비율은 7:3이 적절하다.

정중한 화법 70% : ~입니다. ~입니까? (다까체)
부드러운 화법 30% : ~에요, ~죠?(요죠체)

⑦ 쿠션화법

"죄송합니다만" "실례합니다만" "번거로우시겠지만" "괜찮으시다면" 등의 말로 상대방의 감정을 덜 다치게 하는 말하기 방법이다. 쿠션처럼 부드럽게 완충역할을 해주면서 공손하게 대화하는 화법으로 단호하고 단정적인 표현보다 미안한 마음을 먼저 전하면서 부드럽게 대화를 이끌어 나갈 수 있다.

⑧ YES BUT화법

상대방에게 반대의 의견을 전달해야 할 때, 간접적인 부정형 화법으로 상대방의 입장을 먼저 수용하고 긍정한 후 의견과 생각을 표현한다. 적절한 대화를 위해서는 상대방이 나와 다른 주장일지라도 상대방의 생각에 먼저 공감한다는 의사표현을 한 뒤 나의 입장을 이야기하면 대화의 질도 높아질 것이다.

"예 맞습니다. 그러나 저의 생각은 ~"

⑨ 나 전달화법

주어가 일인칭인 '나'로 시작하는 문장으로 말을 할 때 나의 입장에서 나를 주어로 하여 내가 관찰하고, 생각하고, 느끼고, 바라는 바를 표현하여 이야기하는 화법이다. 상대와 관련되어 있는 문제를 해결하기 위한 대화를 시작해야 할 때 주로 사용되며 자신이 느끼는 감정과 생각을 직접적으로 솔직하게 표현하여 부드럽게 전달되도록 한다.

> **나(I-message)화법 = 문제행동 + 행동의 영향 + 느낀 감정**
>
> 예) "또 지각이야? 회사가 놀이터니? 지난번에도 내가 늦지 말라고 부탁했는
> 데, 내 말이 우습나?"(너 전달법 YOU-message)가 아닌 "난 네가 늦어서
> 혹시 무슨 일이 있나 걱정했잖아"(나 전달화법 I-message)로 표현하는
> 방법이다.

⑩ 아론슨 화법

어떤 대화를 나눌 때 부정과 긍정의 내용을 말해야 할 경우 이왕이면
부정의 내용을 먼저 말하고 긍정의 내용을 나중에 말하는 방법이다.
미국의 심리학자 Aronson의 연구에 의하면 사람들은 비난을 듣다 나
중에 칭찬을 받게 됐을 경우가 계속 칭찬을 들어온 것보다 더 큰 호감
을 느낀다고 한다.

> 예) 가격이 비싸네요. 가격이 비싼 만큼 품질이 최고입니다.

6. 유형별 커뮤니케이션 기술

DISC 행동유형

사람은 환경인식과 그 환경 속에서 자기의 힘을 어떻게 인식하느냐에
따라 4가지 형태로 행동하게 된다고 한다.(1928년 미국 컬럼비아대학 교
수인 William Moston Marston 박사)

4가지 유형은 Dominant 주도형, Influential 사교형, Compliant 신중형, Steady
안정형으로 구분된다. DISC 행동유형을 알면 자신의 행동유형과 강점을
발견하고 이를 활용할 수 있다. 또한 타인의 행동을 이해하고 다른 사람
과 효과적으로 상호작용할 수 있으며 자신에게 맞는 갈등관리, 대인관계

유지방법, 학습방법을 발견할 수 있기 때문에 커뮤니케이션에 적극 활용
된다.

D형	말한다
	성과를 얻기 위해 말한다
	'무엇'에 초점(WHAT)

I형	말한다
	인정을 받기 위해 말한다
	'누구'에 초점(WHO)

S형	듣는다
	이해를 하기 위해 듣는다
	'방법'에 초점(HOW)

C형	듣는다
	분석을 하기 위해 듣는다
	'이유'에 초점(WHY)

각 유형별 특징

유형	관찰되는 행동	업무에 대한 태도	타인에게 기대하는 것
Dominant 주도형 외향적 사고형	• 자기 중심적 • 빠른 의사결정 • 자기 주장이 강함 • 목소리가 크고 자신감이 있음 • 듣기보다 말하기 • 빠른 결과를 얻어내려 함	• 권위와 권력 • 명성과 위신 • 도전적, 진취적 • 공격적 접근방식 • 책임감	• 존경받는 것 • 본인의 리더십을 인정해 주는 것 • 간섭받지 않는 것 • 직설적 소통
Influential 사교형, 외향적 감정형	• 호의적이며 친절함 • 말을 잘하고 인기가 있음 • 잘 웃고 명랑하며 활기참 • 주변에 사람이 많음 • 감정적이며 감정교류가 있음 • 즉흥적, 충동적	• 눈에 보이는 인정 • 인기, 동조 • 세부보다는 상징에 초점 • 자율성 • 변화 시도	• 친근한 관계 • 생각, 감정 공유 • 칭찬 • 유머러스 • 오픈 마인드
Steady 안정형 내향적 감정형	• 표정 변화가 적음 • 침착하고 일관성이 있음 • 변화에 소극적 • 인내심이 강함 • 말하기보다 듣는 경향 • 목소리가 작고 강약 변화가 적음	• 일관성 • 편안한 태도 • 우호적 • 인내 • 여유	• 본인의 가치 인정 • 변화는 점진적 • 소속감 • 재촉하지 않는 여유 • 안정과 협력

| Compliant
신중형,
내향적 사고형 | • 정확한 자료, 정보
• 사무적인 말투와 표현
• 말이 없음
• 조심성이 많음
• 사소한 것에도 신경을 씀
• 전문적인 프로정신 | • 명확한 기대
• 확실한 목표
• 자주성
• 계획적 진행
• 원칙 지지
• 전문적인 프로정신 | • 정확성
• 신뢰
• 규칙 규범
• 최소한의 사교적 행동
• 사실과 정보
• 독립성 |

내가 만약 D형(주도형)이라면 이렇게 노력하자

● 적극적으로 경청해야 한다.

● 스스로 속도를 조절하여 보다 편안한 이미지를 표출하도록 한다.

● 인내심, 겸손함, 감수성, 공감 등에 보다 신중을 기하라.

● 결론의 이유를 말로 설명하라.

● 집단과 의견 일치하라.

● 상대방에 대한 칭찬을 말로 표현하라.

내가 만약 I형(사교형)이라면 이렇게 노력하자

● 시간과 감정을 통제하라.

● 보다 객관적인 마음자세를 개발하라.

● 점검, 검증, 구체화, 조직화 등에 보다 많은 시간을 들여라.

● 합의사항을 끝까지 이행하라.

● 현재의 업무에 집중하라.

● 보다 논리적인 접근을 하라.

● 시작한 것을 완수하도록 노력한다.

내가 만약 C형(신중형)이라면 이렇게 노력하자

- 상대방에 대한 관심과 마음을 개방하여 표현한다.
- 이따금 지름길과 시간 절약을 시도하라.
- 변화와 어수선함에 기꺼이 적응하라.
- 시간 내에 결정하도록 하라.
- 새로운 프로젝트를 시작하라.
- 반대 의견과 타협하라.
- 좋아하지 않는 의사결정도 설명하라.

내가 만약 S형(안정형)이라면 이렇게 노력하자

- 이따금 '아니오'라고 말한다.
- 상대방의 감정에 지나치게 예민해지지 말고 업무 완수에 집중하라.
- 안전지대를 넘어서 모험을 해본다.
- 다른 사람들에게 위임을 한다.
- 절차 또는 일상에 필요한 변화를 수용한다.
- 적절한 사람들에게 그들에 대한 느낌과 생각을 말로 표현한다.

상대가 D형이라면 이렇게 칭찬하자

- 그의 성취, 결과, 지도력에 초점을 두고 간결하게 직접 칭찬한다.

상대가 I형이라면 이렇게 칭찬하자

- 그의 사교능력, 언변, 긍정적, 열정적 태도를 공개적으로 칭찬한다.

상대가 S형이라면 이렇게 칭찬하자

● 꾸준한 성실성, 협조적 관계 유지에 대한 그의 노력에 대해 따뜻하고 성실한 말로 칭찬한다.

상대가 C형이라면 이렇게 칭찬하자

● 그의 논리성, 효과성, 정확성, 업무처리 능력에 대해 구체적이고 정확하며 간결하게 사적으로 칭찬한다.

Chapter
16

면접 이미지메이킹

Chapter 16

면접 이미지메이킹

1. 면접의 정의

면접의 사전적 의미는 '서로 대면하여 만나보다'이다. 또 다른 의미는 '직접 만나서 인품이나 언행 따위를 평가하는 것'이다. 면접은 서류전형과 필기시험에서는 파악하기 어려운 지원자의 적극적인 태도와 잠재적 능력, 유연한 사고, 업무추진력, 성실성을 평가한다. 즉 면접은 선발도구 가운데 가장 많이 쓰이는 방법으로 지원자의 언어적, 비언어적인 부분이 평가에 중요한 요소이다.

면접서류

면접서류는 이력서와 자기소개서로 구분되며 인사담당자에게 자신을 선보이는 최초의 얼굴이다.이력서는 지원자의 신상정보 및 학력, 경력, 기타 활동을 기재한 문서이다. 반면 자기소개서는 이력서에서 볼 수 없는 지원자의 성격이나 가치관을 폭넓은 방식으로 알릴 수 있는 서류이다. 개인에 대한 평가를 단순히 겉으로 드러난 포장에 의존하는 것은 아니지만 자신의 능력을 제대로 표현하지 못하면 면접의 기회조차 잡지 못하는 경우도 있다. 구직자와 구인자를 연결해 주는 수단이자 자신을 알리는 최소의 얼굴인 만큼 정확한 작성방법으로 정성스럽게 작성하자.

2. 이력서 및 자기소개서

이력서

일반적으로 인사 채용 담당자가 취업 희망자를 채용하기 위해 처음으로 접하는 문서이다. 자신의 능력이나 경력 등을 적절하게 포장하여 인사담당자의 시선을 끌 수 있도록 간결하면서도 명확하게 작성한다.

① 사진
- 사진은 면접관에게 첫인상을 주는 요소이므로 최소한 2번 이상 촬영하여 더 나은 것을 사용한다.
- 사진은 6개월 이내 촬영한 것으로 단정한 헤어스타일과 복장을 갖춘다.
- 지원 회사의 사진 규격을 준수한다.
- 좋은 인상을 주기 위해 밝은 표정을 짓는다.
- 다른 사람으로 보일 정도의 과한 보정은 면접 시 면접관에게 안 좋은 이미지를 줄 수 있다.

② 인적 사항
- 이력서에 작성한 내용과 제출하게 될 증명서류에 맞추어 기재한다.
- 글씨 배치를 왼쪽으로 통일하여 작성하고 한자나 영문 이름에 오류가 없도록 한다.
- 주소를 기재하는 할 때 약칭으로 쓰지 말고 전체 지명으로 기재한다.
- 이메일 주소나 전화번호 기입 시 오타나 숫자의 오류가 없도록 한다.

③ 학력사항
- 최근 정보 순으로 기재한다.

- 학교 입학일이나 졸업일은 제출 서류대로 정확히 기재한다.
- 기간을 표시할 시 통일성 있게 작성한다.
- 학점 기재 시 성적증명서의 학점을 만점 대비, 기재한다.
- 남자의 경우 군복무 사항을 정확히 기재한다.

④ 경력사항

- 최근 경력사항을 상단에 쓴다.
- 지원분야에 직접적으로 도움이 되는 경력을 쓴다.
- 서식이 정해진 경우가 아니라면 직무내용도 간략하게 덧붙인다.

⑤ 특기사항

- 자격증은 업무와 관련 있는 국가공인 자격증 위주로 기재한다.
- 수학한 기간은 정확하게 기입하고 자격증의 경우 자격명, 발급기관, 발급일 등을 구체적으로 기입한다.

⑥ 기타 사항

- 컴퓨터 능력 등은 '능숙'이라는 표현이 애매하므로 '상, 중, 하'로 기입한다.
- 어학능력은 점수뿐만 아니라 입증할 사본 이미지 파일까지 첨부한다.
- 욕심이 앞서 사실이 아닌 내용이나 과장하여 쓰는 일은 없어야 한다.

자기소개서

자기소개서는 이력서에서 보여주지 못한 자신을 폭넓은 전개 방식으로 알릴 수 있다는 특징이 있다. 지원자가 자신에 대해 상세하고 구체적으로 기록함으로써 면접관에게 자신을 진솔하게 드러내는 글이다. 인사 담당자들은 자기소개서를 통해 지원자의 성격과 가치관, 대인관계와 책임감, 창의력과 문제해결능력뿐 아니라 지원자의 장래성과 포부, 문장력과 의사전달능력까지 파악하고자 한다. 기본에 충실하면서도 자신만의 개성을 보여

주는 동시에 자신이 회사가 필요로 하는 인재임을 어필할 수 있어야 한다.

① 성장과정

- 일대기 형식의 나열이 아닌 지금의 나를 두고 한두 가지의 인상적인 경험이나 사건에 초점을 맞춰 작성한다.
- 지금까지 자라오면서 어떤 경험이 자신에게 중요한 영향을 미쳤는지가 핵심이다.
- 지원하고자 하는 회사나 업무에 관심을 가지게 된 에피소드나 역경을 딛고 힘차게 살아온 과정을 기술한다.
- 성장과정항목은 지원자가 어떤 가정교육을 통해 어떻게 성장했는지 파악하고자 하는 것이다.

② 성격의 장단점

- 성격의 장점은 지원 회사의 핵심가치나 인재상과 연계된 것 또는 지원 직무를 수행하기에 적합한 성격 요소들 중에서 골라야 한다.
- 장점을 입증할 근거로 장점을 발휘하여 성과를 거둔 경험을 제시한다.
- 단점은 조직생활이나 직무 수행에 있어 치명적인 단점이 아니라면 실제 본인의 단점을 솔직하게 이야기한다. 대신 단점을 극복하거나 개선하기 위한 노력을 구체적인 행동과 방법론을 담아 작성한다.

③ 학교생활

- 지원한 회사에 입사하기 위해 그동안 어떤 활동을 하고 준비해 왔는지 보여줄 수 있는 부분이다.
- 지원분야와 관련된 활동을 명시한다.
- 학교생활 항목에서 사회성이나 조직적응능력에 대해 기술하고 업무 관련 공부를 통하여 어떻게 업무와 연계할 수 있을지 어필한다.
- 구체적인 활동에서 노력한 부분과 이 활동을 통해 이룬 성과와 배운 점을 기술한다.

④ 지원 동기

- 지원 동기는 면접에서도 이 부분을 재차 확인할 만큼 중요한 항목이다.
- 어느 회사에서든 써먹을 수 있는 뻔한 얘기로는 인사담당자의 마음을 사로잡기 힘들다.
- 지원 회사와 지원 직무에 대한 철저한 분석을 통해 애사심과 충성심을 어필한다.
- 지원 회사의 특성을 단순히 나열하는 소극적인 동기는 지양한다.
- 지원 회사에서 열정을 발휘할 준비가 되어 있음을 보여주기 위해서는 회사의 특성과 자신의 가치관, 인생의 지향점 등을 결합시킨 적극적인 지원 동기를 제시한다.

⑤ 입사 후 목표

- 포부는 마음속에 지닌 미래에 대한 희망 또는 계획을 의미한다.
- 지원자의 열정을 확인함과 동시에 지원 회사에서 기여할 의지가 있는지를 파악하는 항목이다.
- 회사에서 자신의 위치나 직무를 고려하여 5년 후, 10년 후 등의 구체적인 미래 계획을 적어주면 좋다. 궁극적으로 어떤 경력목표에 도달하고자 하며, 구체적으로 어떤 활약을 펼칠 것인지를 명확하고 생생하게 드러낸다.
- 제시한 목표를 달성하기 위해 지금까지 준비해 온 노력도 덧붙인다.

작성 시 유의사항

- 자기소개서 각 항목 위에 주제 문구를 독특하게 구성해 면접관이 보고 싶도록 만든다.
- 진부한 표현이나 지루하게 반복되는 문구는 사용하지 않는다. 간결하고 효과적인 표현으로 처음과 끝을 다듬는다.

- 해당 분야의 경력이나 실적 및 경험을 최근 중심으로 작성한다.
- 자기소개서에 제한된 글자 수는 최대한 지킨다.
- 지원 회사에서 요구하는 인재상을 파악하여 자신의 경험과 연결하여 작성한다.
- 정확한 문법과 논리적인 표현을 구사하며 오타가 없어야 한다.
- 자기소개서는 한두 번 수정한 것에 만족하지 말고 계속 수정해서 완성도를 높여 나간다.

3. NCS 입사지원서

최근에는 공공기관이나 많은 기업에서 NCS 채용이 많아지고 있다.

NCS는 'National Competency Standards'의 약자로 '국가직무능력표준'을 뜻한다. 불필요한 스펙 경쟁을 완화하고 능력 중심 채용을 확산하겠다는 취지로 국가에서 직무별로 요구되는 능력의 표준을 제시한 것이다. 따라서 NCS 입사지원서는 개인의 신상, 학점, 어학점수 등 직무수행능력과 직접적으로 관련이 없는 항목들을 과감히 제거하였다. 대신, 직무수행능력을 확인하는 데 필요한 정보 위주로 구성되어 있다.

① **인적 사항**

직무 기반의 입사지원서에서는 인적 사항을 최소화한다. 지원자들을 식별하고 관리하기 위해 성명, 생년월일, 연락처 등의 필수 정보만으로 구성하고, 기존처럼 가족사항이나 취미, 특기와 같이 불필요한 사항들은 배제하였다. 하지만 기업 및 기관의 특성에 따라 요구하는 항목이 다를 수 있기 때문에 절대적인 기준이라고 할 수는 없다.

② **교육사항**

학교교육과 직업교육으로 나눠 직무수행에 필요한 KSA(지식, 기술, 태도)를 평가한다. 교육과정에 대한 구체적인 내용은 이후 자기소개서

나 직무능력 소개서에 기술하도록 되어 있다. 경영관리직군에서 수행하는 다양한 업무를 제시하고 이와 관련된 직업교육과 학교교육을 체크할 수 있도록 하였고, 교육과 관련된 내용은 온라인 교육으로 확대해서 작성할 수 있다.

③ 자격사항

NCS 분류별로 제시되어 있는 자격현황을 참고하여 지원자가 직무수행에 필요한 스킬을 가지고 있는지 판단하며, 해당 직무와 관련 있는 자격만 명시할 수 있도록 하고 있다.

④ 경력사항 및 직무관련 활동

경력사항과 직무관련 활동을 구분하는 기준은 보수를 받고 한 일인지 아닌지가 그 기준이 된다. 경력사항에는 보수를 받고 근무한 인턴경험, 또는 아르바이트 경험을 작성할 수 있다. 하지만 보수를 받았다고 하더라도 어설픈 아르바이트 경험을 적는 것보다 직장에서의 근무경험을 적는 것이 좋다. 직무관련 기타 활동이 많아서 추가해야 할 경우에는 기업 및 기관에 따라 추가 작성할 수 있다.

예시) NCS 입사지원서

1. 인적 사항

- 인적 사항은 필수항목이므로 반드시 모든 항목을 기입해 주십시오.

지원구분	신입() 경력()	지원분야		접수번호	
성명	(한글)	생년월일	(월/일)		
현주소					
연락처	(본인휴대폰)	전자우편			
	(비상연락처)				

2. 교육사항

- 학교 교육은 제도화된 학교 내에서 이루어지는 교육과정을 의미합니다. 아래의 질문에 대하여 해당되는 내용을 기입해 주십시오.

학교교육

* [경영/경제/회계/무역] 관련 학교교육 과목을 이수한 경험이 있습니까?

* [통계] 관련 학교교육 과목을 이수한 경험이 있습니까?

* [경영전략/평가/성과관리] 관련 학교교육 과목을 이수한 경험이 있습니까?

* [광고/홍보/매스컴] 관련 학교교육 과목을 이수한 경험이 있습니까?

- '예'라고 응답한 항목에 해당하는 내용을 아래에 기입해 주십시오.

3. 직무능력 관련 사항(NCS 내 환경분석 내 자격현황 참고)

- 자격은 직무와 관련된 자격을 의미합니다. 코드를 확인하여 해당 자격증을 정확히 기입해 주십시오.

A. 국가기술자격	B. 개별법에 의한 전문자격
C. 국가공인 민간자격	D. 기타 자격

- 위의 자격목록에 제시된 자격증 중에서 보유하고 있는 자격증을 아래에 기입해 주십시오.

코드		코드	
발급기관		발급기관	
취득일자		취득일자	

4. 경력사항

- 경력은 금전적 보수를 받고 일정기간 동안 일했던 이력을 의미합니다.
  아래의 질문에 대하여 해당되는 내용을 기입해 주십시오.

* 기업조직에 소속되어 [**경영기획** (능력단위①)] 관련 업무를 수행한 경험이 있습니까?　　　예( ) 아니오( )

* 기업조직에 소속되어 [**경영평가** (능력단위②)] 관련 업무를 수행한 경험이 있습니까?　　　예( ) 아니오( )

* 기업조직에 소속되어 [**홍보** (능력단위③)] 관련 업무를 수행한 경험이 있습니까?　　　예( ) 아니오( )

- '예'라고 응답한 항목에 해당하는 내용을 아래에 기입해 주십시오.

근무기간	기관명	직위/역할	담당업무

- 그 외, 경력사항은 아래에 기입해 주십시오.

근무기간	기관명	직위/역할	담당업무

- 자세한 경력사항은 경력기술서에 작성해 주시기 바랍니다.

5. 직무관련 기타 활동

- 직무관련 기타 활동은 직업 외적인(금전적 보수를 받지 않고 수행한) 활동을 의미하며, 산학, 팀 프로젝트, 연구회, 동아리/동호회, 온라인 커뮤니티, 재능기부 활동 등이 포함될 수 있습니다. 아래의 질문에 대하여 해당되는 내용을 기입해 주십시오.

* 기업조직에 소속되어 [**경영기획** (능력단위①)] 관련 업무를 수행한 경험이 있습니까?　　　예( ) 아니오( )

* 기업조직에 소속되어 [**경영평가** (능력단위②)] 관련 업무를 수행한 경험이 있습니까?　　　예( ) 아니오( )

* 기업조직에 소속되어 [**홍보** (능력단위③)] 관련 업무를 수행한 경험이 있습니까?　　　예( ) 아니오( )

- '예'라고 응답한 항목에 해당하는 내용을 아래에 기입해 주십시오.

활동기간	소속조직	주요 역할	주요 활동업무

- 자세한 직무관련 기타 활동사항은 경험기술서에 작성해 주시기 바랍니다.

위 사항은 사실과 다름이 없음을 확인합니다.

직무능력 소개서

직무능력 소개서는 입사지원서에서 작성한 경력 및 경험사항을 구체적으로 소개하는 용도의 양식이다. 그중 경력기술서는 실제 급여를 받고 일한 경력에 대해 기술하는 것이고, 경험기술서는 경력에 해당하지 않지만, 가족 프로젝트, 동아리, 연구실 활동, 사회봉사활동 등의 경험들 중에 본인의 직무수행에 도움이 될 것이라고 판단하는 경험에 대해 작성하는 것이다.

- 일부가 아닌 전체에 대해 작성한다. 예를 들어 3개월간의 인턴경력을 갖고 있다면, 인턴기간 중 특정한 업무나 특이한 상황을 골라 일반자소서를 쓰듯이 기술해서는 안 되며, 인턴기간 전반에 걸쳐 주로 무슨 역할을 맡았고, 주로 어떤 업무들을 수행했으며, 그 결과가 무엇이었는지를 기술해야 한다.
- 최대한 간결하고, 건조하게 작성한다. 본인이 입증할 수 있는 객관적 사실 위주로 작성하고, 최대한 간결하고 건조한 문체를 동원하는 게 좋다.

경력 기술서

회사명	○○○ 주식회사	사업내용	의약품 제조, 판매
종업원 수	000명	연매출	0000억원(00연도)
재직기간	2000년 0월 ~ 2000년 0월(0년 0개월)		

직무내용

■ 2000년 0월

○○○주식회사 입사, ○○지점 영업3팀 발령

로컬, 세미를 대상으로 순환기, 소화기, 항생 등의 제품 신규개척 영업

– [담당지역] ○○시 ○○지역 전역과 주변지역

– [거래처] 인수 : 30% 신규개척 : 70%

– [신규계약 건수] 월 평균 8건

■ 2000년 0월

본사 영업1팀으로 발력

세미, 종병을 대상으로 순환기, 소화기, 항생, 수역 등의 제품 신규개척 영업

– [담당지역] ○○시 ○○구, ○○시 ○○구, ○○시 ○○구, 전역과 주변지역

– [거래처] 인수 : 50%, 신규개척 : 50%

– [신규계약 건수] 월 평균 15건(본사 내 사원 순위 50명 중 3위)

– [계약금액] 000만원

■ 2000년 0월

본사 영업1팀장으로 승진

■ 2000년 0월

일신상의 사유로 퇴직

영업신조	- 고객으로부터 거절당했다고 낙담하지 마라. 거절당한 순간 영업은 시작된다. - 아직 판매가 이루어지지 않았다면, 판매가 성사될 때까지 고객을 외면하지 마라. - 판매 전과 판매 후의 태도를 똑같이 하라. - 오늘 1달러의 상품을 구매한 고객이 내일은 회사와 나를 반석 위에 올려놓은 가장 큰 공신이 될 수 있다.

NCS 자기소개서

기존에는 일반적인 항목(성장과정, 성격의 장단점, 지원 동기, 입사 후 포부 등)으로 구성되어 있었던 것에 비해, NCS 도입 이후에는 경험과 경력 중심의 항목으로 변화되었다. 지원 동기는 조직과 직무에 대한 지원 동기로 구분하여 구체적으로 물어본다. 뿐만 아니라 조직에 적합한 사람인지를 각 기업별 핵심가치와 인재상을 바탕으로 물어본다. 또한 직업기초능력 10가지에 대한 각각의 구체적 사례를 중심으로 기술하도록 되어 있다.

자기소개서 작성법

- 평가기준에 최대한 부합하는 매력적인 소재를 찾는다.
- 어떤 경험에 대해 압축적이면서도 임팩트 있는 글을 쓰려면 STAR 프레임워크를 활용하여 스토리라인을 구성하는 게 좋다.
- 자신의 행동에 대해 기술할 때는 합리적이고, 타당한 의도나 목적을 가지고 취한 행동임을 드러내야 한다. 또한 추상적인 표현보다는 최대한 구체적으로 묘사해야 한다.

STAR 프레임워크 구조

구조	설명	예시
상황(Situation)	경험의 계기 및 전반적인 상황	~ 한 상황이었습니다.
과제(Task)	수행해야 할 과제 및 목표	~ 을 해야 했습니다.(또는) ~ 을 목표로 설정했습니다.
행동(Action)	본인의 구체적인 행동 및 과정	~ 을 하였습니다. ~ 한 방식으로 하였습니다.
결과(Result)	결과(성과) 및 배운 점/느낀 점	~ 한 성과를 이루었습니다. ~ 을 배웠습니다./느꼈습니다.

4. 면접 이미지메이킹

취업의 최종 관문인 면접에서의 이미지는 첫인상을 판단하는 중요한 기준이 된다. 짧은 시간 안에 자신의 능력과 비전, 자신감을 보여야 하며 지원 회사와 어울리는 인상을 주는 것이 중요하다.

여성의 이미지 연출법

① 메이크업 스타일

- 과도한 색조화장보다는 기초화장으로 피부를 생기있고 촉촉하게 정리한다.
- 울긋불긋한 피부색과 지속력을 높이기 위해 베이스로 보정한다.
- 파운데이션은 맑고 투명한 피부가 될 수 있게 두껍게 바르지 않는다. 또한 얼굴과 목의 색이 확연히 차이 나지 않도록 목부분도 자연스럽게 발라준다.
- 눈썹은 모발 색상이나 눈동자 색과 동일계열 색상으로 자연스럽게 그린다.
- 눈화장은 화장의 핵심이다. 면접관들이 가장 먼저 보는 곳이 눈이기 때문에 짙은 화장보다는 눈매가 또렷해 보일 수 있게 한다. 아이섀도는 정장과 어울리는 색상을 선택한다.
- 아이라인은 검은색 아이 펜슬이나 액체 아이라이너로 자연스럽고 얇게 그린다.
- 가벼운 볼터치로 생기와 혈색을 주며 립스틱은 너무 진하지 않은 중간 색상을 칠한다.

② 헤어스타일

- 지적이면서 깔끔한 이미지로 보이는 헤어스타일을 연출하는 것이 좋다. 생머리, 단발, 세미커트 스타일이 단정해 보인다.

- 긴 머리는 귀 뒤로 머리를 넘겨 핀으로 고정하거나 뒤로 묶어서 귀와 이마가 환하게 드러나는 스타일이 좋다.
- 헤어 컬러는 자연갈색이 무난하고 과도한 염색이나 파마, 유행하는 헤어스타일은 피하는 게 좋다.

③ 패션 스타일

- 단정하고 심플한 투피스 정장이나 커리어우먼 이미지를 나타낼 수 있는 바지 정장은 활동적이고 당당한 이미지를 준다.
- 정장 컬러는 전통적이고 보수적인 느낌의 블랙, 네이비나 온화함과 유연한 이미지의 베이지도 좋다.
- 이너웨어는 블라우스나 셔츠, 톱이 좋으며 화이트, 아이보리 색상이 단정해 보인다.
- 스커트는 무릎을 살짝 덮거나 무릎 약간 위 길이가 적당하다. 너무 타이트하거나 미니스커트, 앞트임이나 옆트임이 있는 것은 피한다.
- 바지 정장은 일반 정장 바지가 좋고, 가급적 상의 색상과 동일한 컬러가 적합하다.
- 스트라이프가 들어간 팬츠는 다리가 길어 보이고 날씬해 보이는 효과도 있다.
- 스타킹은 피부색과 동일 색상을 신고 예비 스타킹을 소지해야 한다.
- 구두는 심플한 디자인으로 굽은 5~7cm 정도의 펌프스를 신는다. 발가락이 보이거나 뒤트임이 있고 스트랩이 많은 디자인은 피한다.
- 액세서리는 전체 세 개를 넘지 않는 범위에서 선택한다. 귀걸이는 부착형이 깔끔하고 세련된 인상을 주며 모양이 크거나 시선을 분산시키는 디자인의 액세서리는 피한다.

남성의 이미지 연출

면접에서 단정한 헤어스타일과 옷차림은 면접관에게 신뢰감을 줄 뿐만 아니라 외적 이미지 연출은 면접의 기본 자세이다. 면접 시 남성복의 슈트나 셔츠, 넥타이 및 구두는 남성 트렌드에 맞고 실루엣을 맵시 있게 연출하여 호감 가는 이미지가 되도록 한다.

① 헤어스타일

- 짧은 헤어스타일로 깔끔한 이미지 연출한다.
- 면접 2~3일 전에 머리 길이를 다듬고 당일에는 젤이나 왁스로 단정하게 연출한다.
- 헤어 컬러는 검은색이 무난하나 짙은 갈색은 부드러우면서도 세련된 이미지를 준다.

② 메이크업

- 피부톤 정리를 위해 메이크업을 한 티가 나지 않도록 자연스럽게 파운데이션을 바른다.
- 남성의 메이크업 중 가장 효과를 발휘하는 것은 눈썹 정리다. 눈썹이 짙은 사람은 강한 인상을 주기도 하고 눈썹이 거의 없는 사람은 흐릿한 인상으로 주목받지 못하기도 한다. 얼굴에 맞는 눈썹을 정리하여 또렷한 인상을 주자.

③ 패션 스타일

슈트

- 신뢰감을 주는 네이비 블루 색상의 투버튼 슈트가 무난하다.

- 무엇보다 사이즈에 신경을 쓴다. 재킷이 너무 크면 둔해 보일 수 있고 너무 타이트하고 슬림하면 가벼워 보일 수 있다.
- 정장의 소재로 광택이 나는 것은 피하도록 한다.
- 면접을 위해 구입한 정장은 면접 당일 자연스러운 느낌을 줄 수 있도록 3~4번 미리 입어 익숙해지도록 한다.

셔츠

- 흰색이나 재킷과 같은 계열로 밝은 톤의 셔츠, 하얀 피부에는 아이보리나 크림색 셔츠
- 피부가 어두운 경우는 아이보리 셔츠나 하늘색 셔츠가 잘 어울린다.

넥타이

- 면접용 넥타이는 무늬가 크고 화려하지 않은 것이 좋다. 스트라이프, 솔리드, 도트가 적당하다.
- 혼방 소재보다는 실크 등의 고급 소재를 선택한다. V존이 면접관의 이미지를 결정하므로 넥타이만큼은 가격이 다소 비싸더라도 조금 무리해도 좋다.
- 흰색 셔츠를 입었다면 푸른색이나 붉은색 계통으로 포인트를 주는 것이 좋다.
- 넥타이 폭은 7~9cm 정도가 적당하며, 너무 폭이 좁은 것은 피하도록 한다.

벨트

- 무광택의 검정 가죽 벨트가 무난하다.

구두

- 구두는 벨트 색과 마찬가지로 검은색 레이스 업이 단정하다.
- 새로 구입한 구두라면 면접 전에 미리 신어보고 익숙해진다.

- 구두는 깨끗하게 손질하여 신는다.

양말

- 양말을 선택하는 원칙은 슈트의 컬러이다. 검정 슈트에는 검정 양말을, 네이비 슈트에는 네이비 양말을 신는다.
- 바지나 구두 컬러와 같은 계열의 양말을 선택한다.
- 슈트에는 반드시 입고 있는 옷보다 한 톤 어두운 양말을 선택한다.
- 양말은 종아리 중간까지 오는 길이로 맨살이 드러나서는 안 된다.

5. 실전면접 대비

면접은 면접관과 지원자 간의 커뮤니케이션이다. 지원자와 면접관이 대면하며 질의응답하는 과정으로 의사소통의 93%가 비언어적 요소의 영향을 받는 것처럼 면접에서의 태도가 큰 비중을 차지한다. 면접장 입장, 인사, 착석, 퇴장의 면접 프로세스를 익혀서 자신감 있고 호감 가는 이미지를 연출하자.

면접유형

① 실무진 면접

실무진 면접에서는 인사담당자와 실무자가 면접관으로 참여한다. 그리고 전반적인 전공에 대한 지식의 관심도와 이해도를 평가하며 회사에 적합한 인재인지를 알아보기 위한 지원자의 역량을 구체적으로 판단한다. 실무진 면접에서는 과거의 경험들을 통한 배움이 업무와 어떻게 잘 연결되는지를 보여주는 것이 관건이며 특정상황에 따른 질문에 대해서도 구체적인 답변과 설명으로 자신만의 강점을 최대한 살려 보여주는 것이 좋다.

② 임원면접

임원면접은 지원자의 압박감이 많은 면접이다. 실무진 면접보다 첫인상이 주는 이미지에 대한 점수화가 더 큰 경향이 있다. 전공지식이나 지원자의 역량을 평가하기보다는 지원자의 인성과 가치관에 더 초점이 맞추어져 있다. 정중하고 겸손한 태도로 호감 가는 인상을 주도록 한다.

③ 프레젠테이션 면접

프레젠테이션 면접은 한 주제를 가지고 주어진 시간 안에 발표 준비를 하고 면접관들 앞에서 발표와 질의응답의 과정을 거치는 면접유형이다.

이를 통해 면접관은 지원자의 주어진 주제에 대한 논리성, 정확성, 창의성, 문제해결능력, 전달력 등 다각도에서 지원자를 평가한다. 따라서 프레젠테이션 면접은 단순히 내용보다는 목소리와 자세, 태도 등 비언어적인 요소의 중요성도 큰 만큼 준비된 원고를 통해 연습하는 것이 필요하다.

④ 토론면접

토론면접은 일반적으로 4~8명의 지원자를 두 개 조로 분류하여 주어진 주제를 가지고 정해진 시간 안에 토론하는 면접 유형이다. 토론면접 과제유형은 찬반 토론형과 토의형으로 구분할 수 있다. 찬반 토론형 과제는 적절한 논리와 근거로 상대방을 설득하는 것이 목적인 반면 토의형 과제는 상호 협의를 통해 보다 나은 대안을 찾아내는 게 목적이라고 할 수 있다. 무엇보다 토론면접에서는 상대방의 의견을 최대한 존중하면서 논리적으로 답변을 준비하는 것이 중요하다. 또한 상대방의 의견도 잘 경청하고 배려하는 태도를 보이는 것이 필요하다.

⑤ 영어면접

영어면접은 지원자의 의사소통과 활용능력, 상황대처능력, 표현력, 글로벌 마인드 등을 평가하는 면접이다. 영어면접에서는 단순히 영어로 자기소개를 하거나 질의응답을 하는 정도가 아니라 하나의 주제를 놓고 영어토론을 진행하거나 영어 스피치를 하는 경우가 있기 때문에 단순한 암기식의 영어가 아니라 전문적이고 심층적인 준비가 필요하다.

면접 자세

① 대기 자세

- 최소 30분에서 1시간 정도 미리 면접장에 도착하여 대기한다.
- 가능한 긍정적인 마인드컨트롤을 하며 밝은 미소와 바른자세로 조용

히 대기한다.

- 입실 사인을 주면 가볍게 노크를 2번 정도 하고 입실한다.

② 입실 자세

- 입실 후 면접관들에게 미소를 띠며 가볍게 목례한다.
- 목과 허리를 곧게 세운 바른자세와 밝은 미소를 지으며 면접관 앞으로 걸어간다.

③ 면접 자세

- 면접관 앞에 서면 "안녕하십니까"(상황에 맞게 수험번호나 이름을 덧붙인다)라고 말 인사한 후 허리를 45도 굽히는 정중례로 정중하게 인사한다. 이때 상체를 숙인 후 1~2초 정도 멈춘 후 천천히 올라오며 예의를 갖춘다.
- 면접관이 "자리에 앉으세요"라고 말하면 "감사합니다."라는 멘트와 함께 자리에 앉도록 한다. 앉을 때 등받이에 기대지 말고 주먹 하나 정도의 여유를 두고 허리를 꼿꼿하게 세운 상태에서 의자 깊숙이 앉는다.
- 면접 답변 시 열정적이고 따뜻한 눈빛으로 면접관을 바라본다. 면접관의 눈을 마주보기가 부담스럽다면 미간과 콧잔등을 자연스럽게 번갈아 본다.
- 밝은 표정을 유지하되 지원 동기, 입사 후 포부를 답하는 경우는 좀 더 진중한 표정이 신뢰도를 높일 수 있다.
- 자신감 있는 목소리는 면접에서 분위기를 좋게 하고, 나에 대한 긍정적인 이미지를 심어줄 수 있는 중요한 요소이다.
- 솔직하고 자신감 있는 태도를 유지한다.
- 불필요한 습관성 행동을 하지 않는다.

면접 : 선 자세

헤어
– 이마가 보이는 헤어스타일

표정
– 미소 지을 때
– 질문 받을 때

밝은 표정, 긍정적인 표정
자신감이 느껴지는 표정

복장
– 단정한 정장차림의 복장

헤어
– 단정한 헤어스타일

메이크업
– 화사하면서도 장점만 살
짝 강조한 메이크업

표정
– 미소 지을 때
– 질문 받을 때

밝은 표정, 긍정적인 표정
자신감이 느껴지는 표정

복장
– 단정한 정장차림의 복장

면접 : 앉은 자세

④ **퇴실자세**

- 면접관이 "수고하셨습니다."라는 멘트를 하면 조용히 의자에서 일어나 의자의 오른쪽이나 왼쪽에 선다. "감사합니다"라고 인사말을 한 후 45도 정중례로 인사한다.
- 몸을 돌려 문쪽으로 이동한다. 문앞에서 면접관 쪽을 보며 목례한다.
- 목례를 마쳤으면 문을 열고 퇴장하면서 문을 조용히 닫는다. 끝까지 당당하고 자신감 있는 모습으로 최선을 다한다.

면접 스피치

- 두괄식으로 간결하게 말한다. 면접관이 듣고 싶은 말을 먼저 하고 그 다음 이유를 설명하도록 한다.
- 답변은 30~40초 이내가 적당하다. 경험을 묻는 질문에서도 너무 장황하게 답변하기보다는 핵심적인 사건과 행동을 중심으로 답변한다.
- 첫째, 둘째, 셋째로 구조화한다. 이러한 방법은 답변을 하는 지원자가 정확한 전달을 할 수 있게 하고, 듣는 면접관이 내용을 보다 정확하게 이해할 수 있게 한다. 즉, 전달력을 높임으로써 면접관을 설득하는 방법이다.

- 말끝을 흐리지 말고 분명하게 답한다. 어미까지 끝까지 힘있고 정확하게 말한다.
- 지원자를 압박하는 질문에 대해서는 먼저 인정하고 반론하는 YES, BUT화법을 사용한다.
- 자신의 약점을 감추기보다는 먼저 인정하고 이에 대한 보완사항을 제시하며 반론하는 것이 좋다.
- 솔직함과 진정성을 구분하라. 면접은 내가 하고 싶은 말을 하는 것도 있지만 면접관이 듣고 싶은 이야기를 해주는 것도 필요하다.
- 외우지 말고 자연스럽게 말하라. 일단 글로 쓴 답변을 여러 번 소리내어 읽으면서 내용의 흐름을 익힌다.
- 그리고 나서 머릿속에는 핵심 키워드만 암기해 두고 거기에 살을 붙여서 자연스럽게 말하는 연습을 한다.

참고문헌 ✎

- 서비스맨의 이미지메이킹(백산출판사)
- 송은영얼굴이미지메이킹(학위논문)
- 서비스인들을 위한 이미지메이킹 실무(새로미)
- 프로페셔널 이미지메이킹(경춘사)
- 내 남자를 튜닝하라(황금부엉이)
- 이미지메이킹을 위한 패션스타일링(청람)
- 향수(김영사)
- 네일페티큐어(넥서스Books)

저자소개 ✏️

우소연 저자는 현재 다수의 기업과 학교 및 공공기관에서 이미지메이킹 강사로 활동 중이며, CS교육 관련 교재 개발 기획&편찬위원 및 CS강사 자격취득시험 출제 및 심사위원으로 활동하고 있다.

화장품, 가전회사 외 다수 기업에서 전속모델로도 활동했던 저자는 MBC, SBS를 비롯한 여러 방송 채널에서 MC, 리포터로서 다양한 방송활동을 한 17년차 방송인이기도 하다.

또한 저자는 전문직 종사자, 방송인, 정치인 등 1대1 맞춤 이미지메이킹과 비즈니스 매너 개인 컨설팅을 하고 있다.

저서로는 '셀프 비즈니스 매너와 커뮤니케이션'이 있다.
이메일 : woogangsa@naver.com

한수정 저자는 과거 청주SBS, MBC, TBN한국교통방송, 메디컬TV, 이데일리TV 외 다수 방송사의 공채로 입사해 오랜 방송활동을 했으며, LG전자 디자인경영센터 기획Gr.과 CEO, CTO 비서로 4년 이상 근무한 이력이 있다.

현재 여러 대학과 기업체 그리고 교육부 산하 중앙교육연수원과 지방자치인재개발원을 비롯한 전국의 공공기관, 공무원교육원, 경찰인재개발원, 소방학교, 경찰학교 등에 외래교수로 출강하고 있다.

또한 저자는 사기업, 공기업, 공무원채용 면접 심사위원이며, 각종 프레젠테이션 대회와 스피치 대회의 심사위원이다.

저서로는 '셀프 비즈니스 매너와 커뮤니케이션' '내 말은 그게 아니었어요' '잘 나가는 직장인의 커뮤니케이션은 다르다'가 있다.
이메일 : speech96@naver.com

저자와의
합의하에
인지첩부
생략

셀프 이미지메이킹과 브랜딩 전략

2020년 7월 30일 초판 1쇄 발행
2023년 1월 20일 초판 3쇄 발행

지은이 우소연·한수정
펴낸이 진욱상
펴낸곳 (주)백산출판사
교 정 성인숙
본문디자인 박은령
표지디자인 오정은

등 록 2017년 5월 29일 제406-2017-000058호
주 소 경기도 파주시 회동길 370(백산빌딩 3층)
전 화 02-914-1621(代)
팩 스 031-955-9911
이메일 edit@ibaeksan.kr
홈페이지 www.ibaeksan.kr

ISBN 979-11-6567-139-6 93980
값 23,000원

● 파본은 구입하신 서점에서 교환해 드립니다.
● 저작권법에 의해 보호를 받는 저작물이므로 무단전재와 복제를 금합니다.
   이를 위반시 5년 이하의 징역 또는 5천만원 이하의 벌금에 처하거나 이를 병과할 수 있습니다.